不死養花術

花最短的時間、最少的精力
解決花兒「易死」的難題！
找到養花「不死」的方法！
公開花草治癒的秘密！

王意成 主編

102種室內花草的栽種秘技

前言

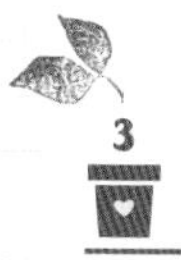

“花買的時候很好，為什麼到家一澆水就掉葉子？”

“淋了一場雨，我的花兒葉子就蔫了，怎麼辦？”

“為什麼每次給花換盆後，花反而長不好了？”……

好不容易養盆花，眼看着從綠色變成黃色，從精神變得萎蔫，還真是鬱悶啊！到底是什麼原因？這花怎麼就是養不好呢！

在養花的世界裏，我們聽到了太多花友，尤其是新手們焦慮的吶喊聲和想要得到答案、想要養好花的求救聲。本書的目的，就是讓你花最少的時間、最少的精力，快速找到花兒“不死”的秘密，解決“易死”的難題，使花兒生機再現！

在這本書裏，你看不到複雜得讓人焦心的養護步驟，簡簡單單就能照顧好花；也不用憂心花卉出現問題，快速有效地找到花卉“易死”的原因和“不死”的方法，分分鐘的事！

因為足夠瞭解，才能養不死；因為用心照顧，才能長得旺。我們的目的，就是用最簡單、最有效的養護知識幫助你，養活花，養好花！

目錄

第二章 觀花植物 32

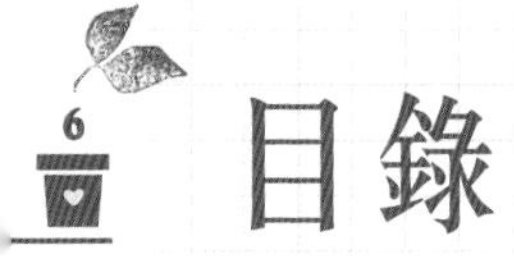

目錄

第一章

新人養花不敗指南

選好花，以後省心很多

很多花友覺得“不就是養盆花嗎？買了拿回家養就可以了”，其實不然。選擇健康、茂盛的植株，會為以後的養護工作減少很多不必要的麻煩，讓盆花更漂亮。

選擇花卉要株形自然、色彩勻稱、莖部無傷口或腐爛，觀花品種要選現蕾或者含苞待放的。春季購買多肉植物，更有利於成活，栽培難度較大的盆栽宜在晚春至仲秋之間購買。挑選健壯成年植株時，要求矮壯、節間短、基部無黃葉，並帶有花芽或花苞的。

回家的路途由於顛簸，植株晃動會使根系鬆動，可用塑料袋套好剛買下的植株，以防碰撞損傷，還能防止苗株吹風、受凍。

1 購買時觀察株苗是否健康。株形應完整，株態茂盛；葉片要油綠鮮亮，無殘缺、無枯黃、無病斑；花應為初現花蕾或含苞待放，顏色鮮艷；果實應發育正常，無掉果、缺損和傷痕。

2 市場上多為新上盆的盆栽，植株根部土壤鬆動，回家途中因顛簸、碰觸，易導致植株受損，可套塑料袋進行保護。

套上塑料袋可防止植株吹風受凍。

購買指南

- 購買前，要瞭解植株所需的生長環境、居室條件，購買適合的盆栽。
- 無論幼株還是成年株，都要選無病害、無黃葉的健康植株，才利於養護。
- 新入戶植株需緩苗，要特別注意光照、水分和土壤管理，做好緩苗方能生長旺盛。

- 要根據家裏的採光、通風情況購買花卉。
- 家有光照充足的朝南陽台、露台或庭院，適合大部分開花植物，如月季、迎春、海棠、長春花等，也適合養護多肉植物。
- 家裏採光只有半天甚至更少，但對於短日照和比較耐陰的許多觀葉植物來說已經足夠了，如杜鵑、茶花、文竹、龜背竹、鐵線蕨等。
- 如果家中或辦公室長期見不到光照，種植一些喜陰的觀葉植物還是可以的，如萬年青、各種蕨類、文竹、棕竹、龜背竹、蟹爪蘭、一葉蘭等。

3 換土可使株苗生長良好。個別商家只為快速銷售花卉，會用貧瘠、細菌叢生或排水性差的土壤。新手應到花卉市場購買疏鬆、肥沃、排水性良好的專用配土，避免植株生蟲病、積水爛根、窒息死亡等問題。

將新配土在強光下高溫曝曬，能殺死土中的細菌和蟲卵。

4 為新株換土。選用竹片將盆壁周圍土壤撥鬆，將盆沿一側在地上磕幾下，使土團鬆動脫離花盆。用刀切去土團 1/3，避免根系受損；剪去部分過長或枯黃枝葉，換新土栽植。澆透水，即有水從盆底流出，然後放置於通風良好的半陰環境中養護 10～15 天。

用刀切掉土團的1/3，便於清理根系上的老土。

入戶做得好，花草苗壯

很多花友從市場買回花卉，因忽略“入戶”的緩苗措施，導致植株萎蔫、枯葉、生病蟲害等問題，嚴重者還會導致死亡。

通常，小苗、草本植株需 3 ～ 5 天緩苗期，大型的木本植物根據情況約需 1 週，甚至更長時間。緩苗期需做好以下幾點：

一要觀察盆土是否疏鬆、肥沃。二要置放在通風、半陰環境中養護，避免大曬。三要控制澆水。新手對養護植株過於緊張，容易頻繁澆水，但新入戶植株對水分吸收較少，水大容易因導致根系腐爛，萎蔫而死，保持盆土稍濕潤即可，若天氣乾燥可為植株噴水增濕，待過了緩苗期，再正常澆水。

等到植株生出新葉，或葉片挺拔油亮，就說明它適應了新家。

1 新入戶植株多數根系不穩。頻繁澆水則易導致爛根。應土乾了再澆，水量以澆到盆底流出水為宜。

新入戶植株澆水不可過頻，要乾透澆透。

緩苗時間

- 小苗或草本植株通常需要 3 ～ 5 天緩苗期。
- 大型的木本植物需 1 週甚至更長時間的緩苗期。

入戶管理

- 放在通風良好、半陰環境養護，避免大曬很重要。
- 剛入戶新株，不宜頻繁澆水，保持盆土濕潤即可。
- 要選擇疏鬆、肥沃的土壤，避免使用貧瘠或者病菌叢生的土壤。

注意事項

- 換土壤。若新入戶植株土壤不夠好，易導致植株窒息死亡，可換土栽植。
- 忌曝曬。入戶苗株纖弱、根系不穩，應避開曝曬，放半陰處養護。
- 忌水濕。處於緩苗期，需水量小，澆水過多、盆土過濕易致株苗死亡。

2 放置散射光處養護。新入戶植株，不可直接放強光下直曬，否則容易造成葉片灼傷萎蔫，甚至曬死。可放置在通風良好的散射光照環境養護，如有紗窗的窗台、陽台或明亮客廳等處。

新入戶最好放在室內散光處，避免強光曝曬。

3 溫度要根據所種花卉的生長適溫決定，過高或過低都易導致葉片枯黃或萎蔫。例如，剛買回的山茶花生長環境溫度保持在 8 ～ 10℃為好。

4 避免營養過剩。新購買植株通常不宜施肥。因植株生長力尚弱，營養過剩不易於植株吸收，反而容易燒傷株苗，若盆土貧瘠可換肥沃土壤。

植株新入戶不可施大肥，可選擇腐葉土作底肥。

花多半死在澆水過勤或澆不透上

澆水是養花的大學問。對新買的花卉，好多人喜歡做的事情，就是經常澆水，土壤一直處在積水狀態，最後根系窒息腐爛。還有一種情況是，常順手將喝剩的茶葉水倒在花盆裏，結果水只濕了表層，底部真正需要水分的根卻一直處於缺水狀態。

澆水要做到“見乾見濕”，一定要澆透，意思是待土壤近多半土變乾時，澆水澆到水從底部小孔裏流出。一般情況是，乾濕交替的程度越快，植株生長得越快，此時就應該保證土壤的通透性；但土壤滲水性越強，保肥性就會變差，可以適當增加肥水的供應。

1 將手指插入盆土深處摸一下土壤，若感覺粗糙而堅硬，需立即澆水；若感到潮濕，土壤細膩鬆軟，可暫不澆水。

手指插土能粗略探知中部盆土的乾濕狀況。

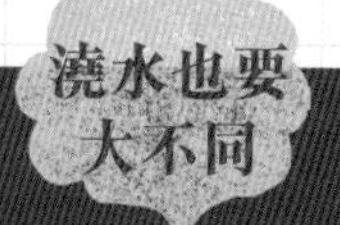

- 花卉的個性不同。澆水需根據花卉個性、時間等因素變化作出調整。
- 各地環境不同。澆水要根據當地的氣候變化和花卉的需求來確定澆水的時間及澆水量。
- 澆水要遵循“見乾見濕”的原則，澆水要澆透，但不能積水。

2 細竹簽判斷盆土是否缺水。將竹簽或細木棍插入土壤中，適當停留一段時間，拔出查看竹簽留下的水印，若近多半盆土已經乾透，應立即澆水。

竹棍插土測乾濕更直觀、準確反映盆土乾濕情況。

澆水時間

- 冬季多在溫暖的中午，水溫要和室溫一樣。
- 夏季多在早晚，水溫不能過冷或過熱，不要讓植物“感冒”。

3 觀察植株生長狀況，判斷是否缺水。若澆水後，植株缺乏生氣、枯萎黃葉、花朵脱落現象減輕則為缺水；若澆水後症狀不變，則可能是因病害、蟲害、缺肥、爛根、氣溫不合適等其他原因所造成。

4 澆水要澆透，水速要緩慢，保證土壤全部吸水，要澆到有水從底孔處流出，而且要用與室溫相同溫度的水澆花。夏季切忌在中午用涼水澆花，應早晚澆水，而冬天最好在中午澆水。

澆水時水壺應放低，沿着盆沿澆，水度要均勻、緩慢。

注意事項

- 休眠期不能澆水過多，要堅持“見乾見濕”的做法。
- 北方水呈鹼性，最好酸化後再澆花，方法一是貯存雨水澆花；二是可以在水裏放少許水果皮、樹葉或菜葉；三是用稀釋後的硫酸亞鐵礬肥水。

根壞了，你卻以為花缺水了

根系是植物生命的根本。只有根系健康生長，花卉才能得到充分的水分和養分，進行正常的生長循環。但是很多花友常因植株根系腐爛而煩惱，這是因為忽略了保根的兩個重要問題，一是土質是否適合，二是澆水是否恰當。

尤其在上盆時或者為植株換盆時，一定要注意做好土壤消毒，以免土壤含有病菌，影響根系生長，造成爛根或發生病蟲害。二是要注意對澆水的管理。很多花友總擔心盆土缺水，頻頻為花澆水，導致其根系無法吸收，終因呼吸受阻而死。澆水應根據植株需要合理澆水。多數花卉，即便是喜水花卉，也不宜出現盆土長期過濕或積水情況。

1 盆土不缺水也不過濕，檢查莖葉沒有病菌，但是枝葉依然出現萎蔫、枯黃甚至凋落的現象。此時就要考慮是不是根壞了。

枝葉出現萎黃、凋落，不要忽略是否為壞根所致。

2 根系腐爛的處理方法是：小心挖出植株，將腐爛根系用小刀切掉，再用草木灰或代森鋅溶液塗抹傷口，置涼爽環境晾 1 ～ 2 天，再重新上盆。上盆前，要對土壤進行消毒。

根系出現腐爛應果斷切除，再晾根至傷口乾燥。

3 避免土壤積水是保根的重要方法。夏季多雨季節，若花卉遭受過多雨淋，很容易造成根系腐爛。應加強防範，及時排除積水，將花卉放通風、乾爽處恢復，必要時用換盆土來保根。

花卉因淋雨過多而出現壞根，應立即換盆。

4 休眠期減少澆水可防止爛根。進入休眠期或半休眠期（高溫、低溫都會使其生長緩慢）的植株，生長會逐漸緩慢或停止，此時不宜過多澆水，否則會導致爛根。

養護關鍵

養根需要做好哪些方面的工作？

- 植株出現生長緩慢、葉片枯黃萎蔫現象，若沒有生病蟲害，很可能是根壞了。
- 養根最關鍵的問題在於做好澆水工作，水大或缺水都易導致壞根現象發生。
- 夏季室外養護，多數花卉要防大雨積水，地栽花卉雨後應及時排水。
- 大多數花卉，秋末至初春氣溫低時，應減少澆水；春末至秋初高溫季節，要避免盆土積水和淋雨積水。

注意事項

- 盆土積水，易爛根。無論什麼花卉，積水都會阻礙根系正常呼吸，甚至腐爛而死。
- 新上盆前，要進行土壤消毒，避免發生病菌導致的根系腐爛。

換盆不當，葉子紛紛掉

換盆是養花人的必修課。正常情況下 1 年左右換一次大盆，加入新土和新底肥。如果植株生病傷到了根，就要隨時換盆。此外，在花卉市場難免會買到帶蟲卵的培養土，此時脫盆換土也是必須的。以上情況不同，但是換盆步驟基本一致。

有的花卉在換盆的同時可進行分株。大型盆栽花卉即使是仍用原盆，也應至少 2 年換盆一次，剪除一些壞根、過長過密根、爛根和病蟲侵害的根系，並添加一些新土，以利植株繼續長大。換盆的時間，最好在花卉的休眠期進行，木本花卉及宿根花卉換盆一般可在 3 月間進行，春季開花植物可在開花後再翻盆。

1 新的花盆底最好用兩塊薄瓦片或一層大顆粒石塊鋪底，既防土流失又排水暢通；然後放一層沙質的顆粒土，上面再填入培養土。

將花盆底部在地上磕碰幾次，也可使盆土鬆動。

2 先用小刀在盆壁四周撬鬆盆土，用一隻手將花盆翻轉，再擊拍盆壁，使植株脫出，另一隻手托住帶土的植株。

3 用刀削去根系外面一部分宿土，剪去壞根和部分老根。若有傷根，更要剪去。若發現蟲卵，土壤要清除。

枯根、過長的鬚根應當剪去。

養護關鍵

哪些情況需要換盆？

- 花大盆小，根從盆底小孔伸出，此時要換盆。
- 土不缺水，但葉片發黃萎蔫，有可能是根受傷，病從根來，此時一定要脫盆，檢查根部情況。
- 土壤貧瘠或者有病菌、幼蟲蟲卵，此時要洗根洗葉，脫盆換土。

換盆時間

- 小盆換大盆宜在 3～4 月或 9～10 月進行，此時多數花卉處在生長緩慢期或休眠狀態。
- 花卉生病要換盆，可隨時進行。

- 帶原土換盆，未傷根，換盆後可正常養護。
- 一旦傷到根，都要先緩苗養根，在陰涼通風處放置 1～2 週，然後再正常養花。

4 花苗要栽在盆的中央，待四周填滿培養土時，輕輕地向上提 1～2 厘米，並搖動花盆，這樣可使根系得到舒展，土壤與根系密接，再用手指壓緊盆土（切忌用力過大傷害根系）。盆土不宜填得太滿，一般需留空 2～3 厘米，便於澆水。

搖動花盆能使土壤與根接觸更充分。

5 栽完後要立即澆透水，然後移往半陰處放置 1~2 週，不讓強烈太陽光直曬。喜陽花卉 2 週後可移至陽光充足處，而耐陰花卉仍只能接受散射光，不宜直曬。

植株無生氣，原因知多少

如果家裏的盆花不旺盛，無生氣，可以從"溫光水土肥"各方面考慮是否養護不當。

一是確認溫度是否適宜，例如倒掛金鐘在溫度超過22℃時，枝葉生長就會受阻。二是看光照時間和強度是否影響了植株生長，例如，長時間將綠蘿放在強光下會導致葉子發黃。三要合理澆水，澆水不透、土過濕、冬季還像夏季一樣澆水，都是不可取的。四要檢查土壤是否有病菌、蟲卵，或者貧瘠、不透氣等，如土壤不好及時換盆。五要總結施肥是否適宜、得當，大多數植株不應施濃肥，以免灼傷或燒死根系。

日常養護要根據花卉個性對照"溫光水土肥"合理調整。

1 做好入戶是植株茂盛的第一步。剛買來的花離開原環境，需要一個過程適應新家。切忌曝曬澆大水，未適應環境的根拒絕吸收水，而葉片卻在蒸騰水分，這時很容易落葉。

月季為喜陽植物，要置於陽光充足處。忌曝曬。

2 擺放位置做得好，植株長得好。有的植株喜充足陽光，有的喜歡半陰環境，要根據它們的個性擺放，而不是以人的喜好隨意擺放。若偶然用於裝飾，要及時放回原處。

注意事項

- 高溫或低溫情況下，植株會休眠，表現得也無生氣，不用擔心。
- 植株生長不旺，除了澆水、施肥，還要考慮土壤和根的情況。
- 南方花卉多喜酸性土壤，可用硫酸亞鐵稀釋液或腐熟的淘米水改善土壤鹼性。

養護關鍵

如何使花兒生機勃勃？

- 澆水要“見乾見濕”，一般情況下見乾見濕的頻率越高，植株生長越旺。
- 依據植株個性，調整光照強度，提供適當的空氣濕度。
- 選用的土穰要保證根的充分伸展和穩定；及時換盆。
- 生長期給予肥料。
- 高溫或低溫時，植株生長緩慢，要減少澆水和施肥。
- 要捨得給植株修剪疏枝，摘花打頂，這樣才能更旺。

3 要根據實際情況判斷是否需要澆水，澆水則要澆透。空氣是否乾燥，土壤是否疏鬆，環境是否通風，擺放位置光照是否充足，這都是影響澆水的因素。

4 注意空氣濕度，很多植物喜歡潮濕環境。如果環境乾燥，特別是北方的秋冬季節，要經常向植株噴霧，也可以撒點水在土壤表面，還可將花盆放置在水邊。

空氣乾燥時，可向植株噴霧以增加空氣濕度。

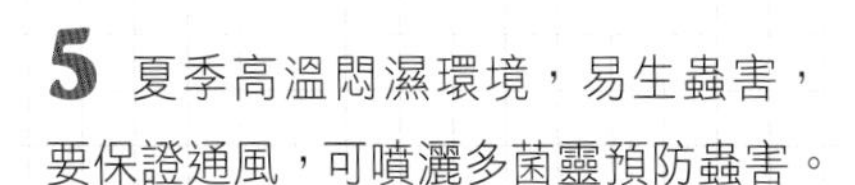

5 夏季高溫悶濕環境，易生蟲害，要保證通風，可噴灑多菌靈預防蟲害。

花前加肥，花後除殘花，花會更艷

要想花朵開得艷麗，可從花前施肥和花後除殘花兩方面入手。

首先，在花開前做好施肥的工作。可根據植株喜肥程度和日常肥水管理情況適當增加磷、鉀肥的施用，可使花蕾正常開放，不萎蔫，但大肥反而會導致花蕾、花朵凋落。

另外，有些盆栽的球根花卉，對磷、鉀肥的需要量較大，因而在它的生長期應多施磷、鉀肥，以促使球根充實，開花良好。

其次，花後及時除去殘花，避免養分被吸收，影響下一次開花，同時還能讓盆栽美觀。

但是不同的花除殘花的方式不同，如君子蘭、天竺葵等需將殘花和花莖一起剪除，而長壽花則需將殘花序下部一對葉一起剪除。

1 施用有機肥可使花朵開放繁盛，它含有花卉生長發育最需要的氮、磷、鉀 3 種重要元素。有機肥裏面的腐殖質能改良土壤結構，增加土壤的保水、保肥和通透性能，其缺點是肥效慢、有臭味。

用發酵雞糞做底肥，可使花開得多，花色更艷。

2 對將要開花的盆花，同樣要給予追肥，以磷、鉀肥為主。尤其是月季正在長枝葉和育蕾，應每隔 12 天左右追施 1 次磷、鉀、氮混合肥。

3 對杜鵑、茉莉、山茶花、茶梅、梅花、月季、瑞香、海棠花、君子蘭、蘭花等來說，應於花謝後摘去殘花敗梗，避免營養被吸收，為下一次多孕蕾多開花打好基礎。

及時除去殘花，可節省養分，為下次開花打好基礎。

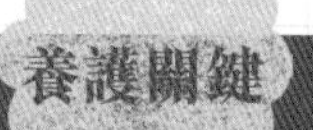

肥施得好，花才開得好

- 通常，花芽形成期適當增加肥料，可使花朵大而艷麗。
- 花前施肥時，要根據不同品種正確使用肥料，才能使花開艷麗。
- 花朵凋謝後應及時剪去殘花，防止其吸收植株養分，為下一次開花打好基礎。

什麼時候施肥利於開花？

- 根據不同品種選擇不同施肥時間，例如三角梅在花期施肥會使花朵更艷麗。而芍藥可在初春生長期施 1～2 次氮、磷結合的肥料，待到現蕾時摘除側蕾，則開花美麗。

4 施肥要領：一是大多數植物適合孕蕾時多施、開花後多施的原則。但也有例外，例如梔子花蕾期多施會導致落蕾。二是忌施濃肥、忌施熱肥（夏天中午前後施肥）、忌坐肥（栽花時直接把花根貼栽在盆底的基肥上），而應該在基肥上用一層土隔開（即根與肥料不宜直接接觸）。

- 不要在植物缺水時施肥，否則根系突然吸收肥料過多，易引起肥害。
- 花期施肥需注意，例如蝴蝶蘭，花期施肥容易引起根系腐爛，而桂花在開花期則可每月施肥 1 次。

土肥盆花旺，巧用家庭廚餘

生活中的廚餘、部分廢棄物等就是養花很好的肥料。例如淘米水、中藥渣、果皮菜葉、養魚水等。下面提供幾個自製肥料的方法：

一是淘米水中含的糠粉和碎米細粒豐富，含有氮和多種微量元素，將其裝入瓶中封口 15 ～ 20 天，稀釋後便可作為肥料養護花卉。二是秋季搜集楊樹、柳樹、松樹以及野草細枝葉，以一層樹葉一層園土的比例裝入容器中，壓實，注水，封蓋。待第二年便可作為富含營養的酸性土壤施用。三是將磨豆漿留下的殘渣裝入容器，加入 10 倍清水，夏天經過約 10 天，秋季經過 20 天左右時間便可發酵成功，是非常好的肥料。

1 飼養金魚後的廢水，是含有氮、磷、鉀等元素的好肥料，可直接作為肥料澆花。

金魚的排泄物可轉化為花卉的優良有機肥。

巧用肥料可旺花

- 家庭漚製的花肥對於植物來說是極佳的“營養食品”，隨手可用，花繁葉茂的同時又節能、環保。
- 自製肥料富含氮、磷、鉀等元素，營養充足，還可改良土壤結構，增加土壤的保水、保肥和通透性能。

2 將淘米水裝入瓶中密封，發酵15～20天後，加入1～2倍水稀釋，澆花時要避免澆到枝葉上，也不可噴淋，以免傷害植株。

用發酵的淘米水澆花，應避開植株。

3 澆水時加入少量食醋，可促進植株對磷、鐵等微量元素的吸收，改變土壤的酸鹼度，還可消除花盆內因施有機肥導致的臭味，對土壤有殺菌作用。

食醋不可加入過量，否則土壤酸性過強，會危及花卉。

養護關鍵

盆栽施肥關鍵時間

- 施肥重點在於生長期和花期、果期，可根據品種不同調整施肥次數和濃度。一般情況下，休眠期可停止施肥或少施肥。

4 將蛋殼放進花盆，不能為植株補充養分。蛋殼內殘餘的蛋清流入花盆的表土上，發酵產生熱量後會直接傷害植物的根部；蛋清發酵後會產生臭味，招引蒼蠅前來產卵生蛆，咬食花卉的根部，還容易誘發各種病蟲害。

- 自製肥料需發酵腐熟，否則容易導致生菌、生蟲，危害植株。
- 使用時需稀釋，以免因濃度高灼傷植株根系，導致死亡。
- 不可直接用蛋殼、雞鴨魚內臟等作為肥料，未經腐熟，不能提供營養且味道很臭。

打頂剪枝，長得更旺

很多養花新手在養花時，忽略修剪枝條，或是捨不得修剪枝條，導致了盆栽不能生長旺盛。實際上，打頂有利於株形的豐滿、增加花芽分化量，促其花開繁茂；而剪枝則能使株形形態更加美觀，提高觀賞價值。

修剪枝條的訣竅是“留外不留內，留直不留橫”，只要記住它，在修建時就不會無從下手了。修剪時，要剪去病枯枝、交叉枝、徒長枝、細弱枝、過密枝和影響株形美的枝，保證剪口處的芽向外側生長。如果株形頭重腳輕，較難看，可以將其主幹從根部距盆土 5 ～ 10 厘米處短截，美化株形。對茶花、白蘭花、五針松等發枝能力比較弱的花木，則需慎重對待。

1 疏剪要剪去密生枝、徒長枝等，目的是使枝條分佈均勻，改善通風透光條件，使營養集中供給保留的枝條，促其開花結果。疏剪應從枝點上部斜向剪下，不留殘枝，剪口要平滑。

疏剪枝條應斜向剪下，不留殘枝。

2 打頂又叫摘心，是指將植株主枝或側枝上的頂芽摘除，抑制主枝生長，促使多發側枝，並使植株矮化、豐滿，增加着花部位和數量。摘心還能推遲花期，或促使其再次開花。

3 剝蕾可使營養集中供應頂蕾開花，保證花朵質量。可剝除葉腋間着生的側蕾，如山茶、月季、大麗花、菊花、茉莉、牡丹等。剝蕾時間，一般以花蕾長到綠豆粒大小時進行為宜。

花蕾長到綠豆粒大小，可摘除葉腋間的側蕾。

- 剪口不能離芽太近，否則易失水乾枯。
- 對於枝條柔弱型植株，通常只需剪去過密和衰老枝條即可。

4 疏果是為了給保留的果實供應充分的營養，從而使果大色美，及早成熟。如金橘、佛手、石榴等觀果花木，當幼果長到直徑約 1 厘米時，即應摘除一些果形不佳和過小的果實。

養護關鍵

打頂剪枝的好處

- 及時剪去枯敗枝條，可以節省養分、改善通風條件，促使花卉健康生長。
- 打頂可使植株矮化、豐滿，增加花量，延長花期。
- 可美化株形，使植株層次分明，稀密調配適當，從而提高花卉的觀賞價值。

修剪時間

- 修剪可在植株生長期進行，當植株枝葉繁雜、過長時進行修剪整形。
- 打頂可根據植株個性選擇時間，例如萬壽菊可在生長期多次打頂。

生病的花，護理並不難

花草雖不像人一樣情感豐富，但是在養護中，賦予人們的愛心和情感才能使它們健康生長也是不爭的事實。但是，養護的過程也並非一切順利，很多花友也會因為自己的愛花生病而心情煩燥。其實只要稍微用心，護理並不那麼難。

例如，澆水要根據花卉習性和季節變換澆水量，如生長期可保持水分充足，休眠期要減少水量（澆水仍要澆透，只是澆水頻率減少）。還要避免盆土積水。光照方面，可根據植株習性和季節補充光照。因環境悶熱導致的葉片枯黃，在發病初期可用 70% 甲基硫菌靈可濕性粉劑 1000 倍液噴灑。

花卉生病並不可怕，最重要的是防患於未然。在平時養護中，應細心、勤勞地照顧它們。

1 葉色變暗且逐漸霉爛，應考慮是否澆水過多。應控制澆水次數，檢查盆底排水孔是否堵塞，保證其排水通暢。

盆土長期黏濕，莖容易生霉菌。

2 葉片萎縮、植株下部葉片脱落、葉尖呈黃褐色是由於缺水所致。澆水要充足，直至有水從盆土滲出，不可澆半截水。

3 葉片出現黃褐色斑點是受日光灼傷所致。應立即注意遮陽，或將花盆移至半陰處養護，避免陽光直曬。

曬傷的銀星葉片萎蔫，有曬傷的斑痕。

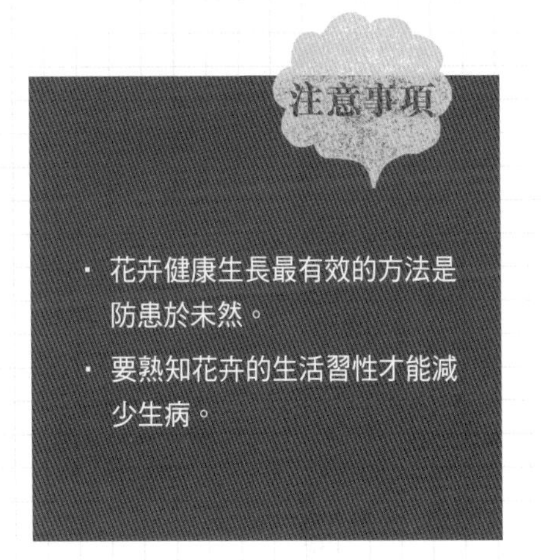

養護關鍵

花卉病因

- 若因土壤生病菌導致花卉生病，要及時換殺過菌的肥沃土壤。
- 保持溫度、濕度適宜，環境通風良好，合理控制光照強度和光照時間。
- 及時噴藥治療。

生病多發時間

- 春季氣候不穩，夏季強光、高溫、多濕，秋季氣候乾燥，冬季低溫都是要特別注意防範的時間點。

4 真菌性病害防治：每隔 1 週噴 1 次 70% 代森錳鋅可濕性粉劑 700 倍液，連續噴 2 ～ 3 次可有效預防。發病初期噴灑殺真菌劑 50% 多菌靈或托布津 1000 倍液或 75% 百菌清 600 ～ 800 倍液；也可用 70% 五氯硝基苯粉劑按藥土 1：40 混配施入根的周圍，進行土壤殺菌。

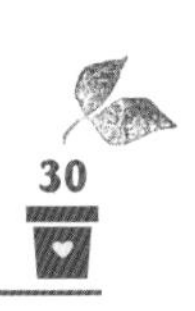

每個月都有屬於這個時段的花次第開放，響應着自然的召喚。養花人能做的就是在它們最需要的時候給予陽光、水分、肥料……還有一份憐愛的養護之情，也許這就是養花之所以成為一件趣事的奧秘所在。

月月花事

12個月的養護各不同

1月 一年中最冷的月份，會不斷受到較強寒流的侵襲。畏寒的花卉要注意防凍，休眠的花卉要控制澆水，開花花卉要控制日照以延長花期，觀葉植物要注意防病。

2月 時常有寒流侵襲，天氣多陰冷，經常有雨或雪。畏寒的花卉仍然要繼續做好防寒工作，控制光照、溫度，保持空氣流通，盆土謹防過乾或者過濕，可以開始進行修剪整形，江南地區也可以嫁接扦插。

3月 氣溫回升，處於寒暖交替的時候，花兒競相開放。大多數室內越冬的花卉白天可以搬到屋外，出屋後肥水管理要循序漸進，迎春花卉換盆。下旬，大部分花卉可以進行播種、扦插、壓條、分株、嫁接繁殖。

4月 氣溫明顯回升，露地花木可以移栽，抽梢不太長的花卉還可以換盆，同時要注意根據花期的不同來施肥。

5月 氣溫繼續升高，是一年中花卉生長的旺期。要根據花卉習性進行合理的光照，最好用自然水澆花，要慢、細、勻地澆灌，使土壤均衡吸收。

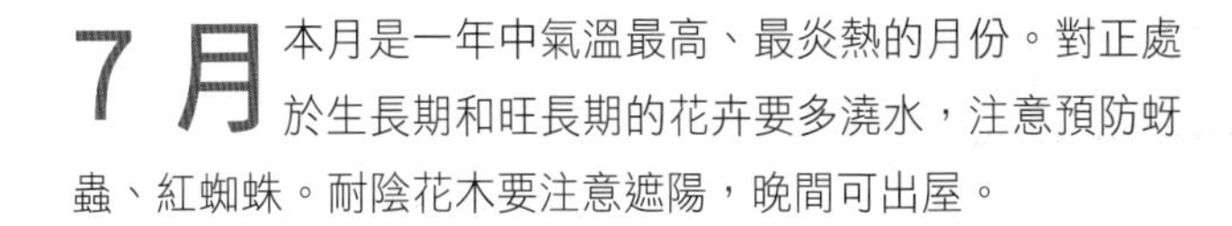

6月 日照強、氣溫高、濕度大。要注意降溫降濕，遮陽通風，防止雨淋。夏眠花卉要嚴格控制澆水，停止施肥。

7月 本月是一年中氣溫最高、最炎熱的月份。對正處於生長期和旺長期的花卉要多澆水，注意預防蚜蟲、紅蜘蛛。耐陰花木要注意遮陽，晚間可出屋。

8月 陽光強烈，氣溫仍然很高。要注意遮陽通風，澆水時間避開中午，注意防治病蟲害，盆栽可追腐熟液肥。

9月 氣溫逐漸下降。要加強對盆栽花卉的肥水管理，逐步減少澆水量，生長旺盛期的花卉要注意追肥，觀葉植物追氮肥，觀果植物增施磷、鉀肥，同時要注意修剪整形。

10月 氣溫繼續下降。對還沒搬入室內的花卉，要注意做好防寒工作。對已搬入室內的，要根據其特性採取不同的養護措施，嚴控水肥。

11月 氣溫持續下降。大多數盆栽花木搬入室內養護。耐寒的花木可追肥，開花花卉加強水肥，喜濕花木防止乾尖和落蕾。

12月 本月已進入嚴寒天氣。要將室溫控制在零攝氏度以上，對於在室內的畏寒花木和露地栽培花木也要注意防寒保暖。

第二章

觀花植物

矮牽牛

淨化空氣

又名“碧冬茄”“撞羽朝顏”等，花色豐富，艷麗。可吸收空氣中的二氧化硫、氯氣和氟化物。用其美化居室，溫馨浪漫，備受歡迎。

開花前打頂，沿盆邊剪齊，開花時就會成漂亮的大花球。

- 溫度 13～18℃，耐 -2℃低溫。
- 水分 喜濕潤，忌積水、雨澇。
- 光照 喜溫暖、陽光，不耐陰。宜擺放在朝東或朝南的陽台或窗台上。
- 花期 夏季至秋季。
- 土壤 適宜生長於肥沃、排水良好的微酸性土壤中。
- 繁殖 用播種、扦插法。
- 施肥 生長期每半月施肥 1 次，花期增施磷肥。

花友常見問題

我的矮牽牛為什麼不發芽？

首先，育苗應選用質地疏鬆的微酸性土壤，可用肥沃園土、泥炭土和沙的混合土。其次，種子細小，播種時輕壓不覆土，忌埋得太深。保證溫度在20℃左右，通常 7 ～ 12 天發芽。

1 苗期低溫，長得慢。矮牽牛的苗期較長，真葉長得較慢。芽期要保證溫度 20℃左右，土壤濕潤疏鬆，陽光充足。

2 幼苗缺水，易蔫。小苗根系不發達，吸收水分能力較弱。應保持土壤處於濕潤狀態，不要等到盆土乾透了才澆水；也要保持陽光充足，忌曝曬。

3 花盆積水，易死。盆栽植株忌澆水過多溺根，以免導致葉子萎蔫、根部腐爛。澆水要乾了再澆，表土板結時可鬆鬆土。

4 缺鐵，葉易黃。缺鐵也會導致葉變黃。可適當澆硫酸亞鐵溶液，為植株補充鐵元素。另外，泥炭土基質容易缺失鐵元素，可薄肥勤施補充微量元素。

5 扦插不當，易死。天涼時節進行扦插，成活率較高。選取花後萌芽嫩枝約 10 厘米，剪掉大部分葉片，插入濕潤土壤，置於散射光通風處。忌多水、曝曬。

6 光照不足，不易開花。為長日照植物。日照長度超過臨界日長，或黑夜長度短於臨界夜長時才能開花。

春季　植物生發，應保證陽光充足，做好水肥管理，但不宜過多施氮肥，避免枝條徒長。

夏季　保持環境乾燥，避免陽光曝曬及水澇。

秋季　可選疏鬆微酸性土壤進行播種、扦插，保證土壤濕潤和陽光充足，不用施肥。

冬季　溫度不低於 -2℃，保證土壤濕潤和光照。

茉莉

緩解高血壓

茉莉對溫度較敏感，25℃以上才孕育花蕾，否則不會開花。

“向炎威，獨逞芳菲”說的就是茉莉。它可吸收二氧化碳、甲醛等氣體，是很好的空氣清新劑。另外，它對緩解高血壓、呼吸系統等眾多疾病有一定藥用價值。

- 溫度 5～30℃，不低於5℃
- 水分 喜濕潤，忌乾旱。
- 光照 喜溫暖、強光環境，耐高溫，不耐霜凍。宜擺放在東、南、西三面陽台或窗台上。
- 花期 夏季至秋季。
- 土壤 適宜生長於肥沃的酸性壤土中。
- 繁殖 多用扦插、壓條法。
- 施肥 生長期每週施肥1次；孕蕾期，在傍晚噴灑0.2%尿素液。

花友常見問題

如何使茉莉花開得旺盛？

要想使茉莉花開得旺盛，充足的光照和肥水可使葉子肥厚、濃綠，枝條粗壯，花朵繁多，花色佳，香氣足。同時，修剪要跟上，摘除殘花，可花開旺盛，延長觀賞期。

1 入戶大肥大光，易死。新買的植株需要適應新環境，並且大都根系受損。此時忌大肥、忌強光，土乾了再澆水。等新葉長出至少 3 厘米，再正常養護。

2 澆水澆不透，易死。澆水要澆透，直至水從盆底流出。可選用發酵淘米水。如枝條枯黃，應剪去，並適量澆水，慢慢緩苗。

3 土壤透氣差，易枯黃。喜透氣性好的疏鬆、肥沃土壤。避免用黏質土壤，以免表土板結、根系不能呼吸而造成植株枯黃。

4 花盆積水，葉易黃。喜濕潤環境，但是忌積水。積水會導致植株根系腐爛。可移放到陰涼處並鬆土，促進水分快速蒸發。

四季養護

春、秋季　可根據天氣情況，2～3 天澆水 1 次。保證通風、陽光充足及適量肥水。

夏季　可每天早、晚澆水，並給枝葉適當噴水。多曬太陽，保證肥水充足，忌乾旱、水澇。

冬季　保持溫度在 10℃以上，減少澆水量，土壤以濕潤偏乾為宜，停止施肥。

5 高濕悶熱，莖易腐爛。在高濕悶熱的環境下，植株莖部易腐爛。栽種前，給盆土殺菌消毒；發病初期，可用 70% 代森錳鋅可濕性粉劑 600 倍液噴灑莖部及周邊土壤。嚴重時，將病株拔除焚燒或深埋。

6 花期施肥曝曬，葉打捲。花期最好少施肥。施肥要控制肥量；施肥後，忌曝曬，以免葉片打捲枯黃。

梔子

淨化空氣

梔子是酸性土壤的指示植物，微酸性土壤生長最好。

梔子是一種淨化空氣的常綠花灌木。其花、果、葉和根均可入藥，有清熱利尿、涼血解毒的功效。唐杜甫有詩為“梔子比眾木，人間誠未多。於身色有用，與道氣相和”……

- **溫度** 18～25℃，能耐 -5℃低溫。
- **水分** 喜濕潤，怕積水。
- **光照** 喜溫暖，較耐寒，喜充足陽光。宜擺放在朝東或朝南的陽台或窗台上。
- **花期** 夏季至秋季。
- **土壤** 適合生長於疏鬆、肥沃和排水良好的酸性土壤。忌鹼性土壤。
- **繁殖** 用播種、扦插法。
- **施肥** 喜肥，可每 20 天左右施 1 次薄肥。

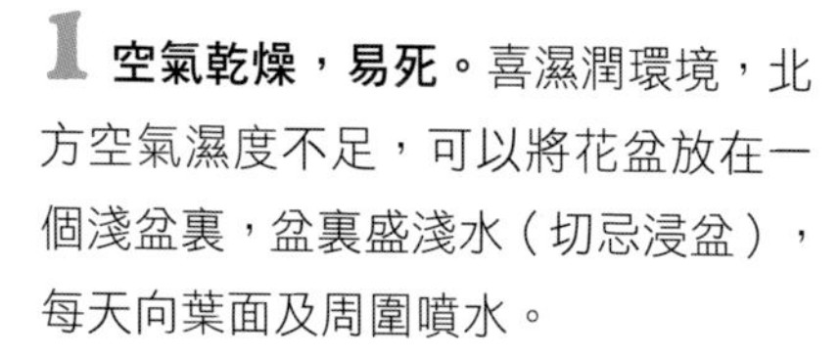

為什麼新買的盆栽葉子變黃脫落，花蕾也掉？

梔子花是南方花卉，喜濕潤、喜溫暖、喜酸性土壤。新買的梔子要放在家裏半陰通風處適應新環境，再逐漸搬到陽光下。

1 空氣乾燥，易死。喜濕潤環境，北方空氣濕度不足，可以將花盆放在一個淺盆裏，盆裏盛淺水（切忌浸盆），每天向葉面及周圍噴水。

2 澆花用鹼性水，易死。有些地方的水呈鹼性，必須酸化後再澆水，可施加稀薄的硫酸亞鐵水或礬肥水，也有花友用少量食醋調配。

3 花盆積水，易死。只是喜歡空氣潮濕，而不是土壤過濕，否則容易爛根死亡。正確的做法是土壤快乾透時澆透水。

4 缺鐵，葉易黃。對鐵質反應敏感，若澆水過勤，極易產生葉片缺鐵性發黃。應每隔 10 天噴一次磷酸二氫鉀 1000 倍溶液，並定期噴灑 0.2% 的硫酸亞鐵水溶液。

春季　光照充足，幼株宜盆土濕潤，成年株盆土偏乾。

夏季　增加空氣濕度；每 15 天澆 1 次礬肥水，開花前追施 1 次磷鉀肥。

秋季　保證光照，盆土濕潤偏乾。

冬季　寒露前盆栽搬入室內，土不乾不澆，經常用溫水噴灑葉面。

5 易生介殼蟲，葉枯黃。在高溫高濕又不通風的環境下，容易滋生害蟲。若葉片有黑點，多半是介殼蟲。此時可用石流乳劑噴霧防治，也可以用水沖洗葉片。

6 適當修剪，開花更多。每年 5 ～ 7 月生長旺盛期即將過去時才修剪，去掉頂梢及內膛無效枝條，促進分枝萌生，使株形更美，開花更多。

倒掛金鐘

淨化空氣

又名“燈籠海棠”“吊燈花”等。花朵艷麗、花形獨特，如懸掛的彩色燈籠，綽約可愛，很受大眾歡迎。它能吸收空氣中的一氧化碳和粉塵。

生長期經常變換位置，可使植株受光均勻，株形飽滿。

1 剛上盆曝曬，易死。剛上盆植株應置陰涼處養護，保持盆土濕潤，避免強光曝曬，待植株萌發新葉後逐步移至陽光下養護。

2 高溫多濕，落葉落花。喜涼爽氣候。夏季高溫多濕，夜間溫度超過25℃，容易落葉落花，可移至通風好的半陰涼爽環境中，待立秋後，萌發新花枝，繼續開花。

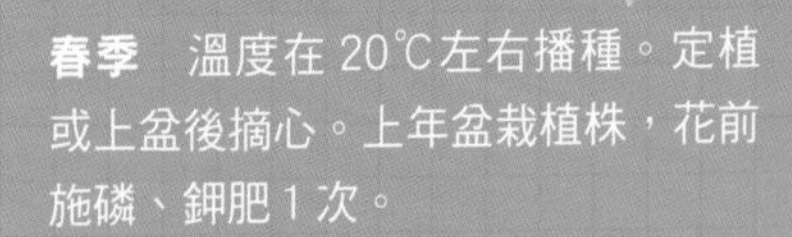

四季養護

春季 溫度在 20℃左右播種。定植或上盆後摘心。上年盆栽植株，花前施磷、鉀肥 1 次。

夏季 高溫，植株進入休眠期，保持土壤微濕，通風良好。

秋季 保證光照充足，適當增加水肥。

冬季 保持室溫在 10℃以上，低於5℃易出現凍害。

3 遭水澇，易死。耐乾旱，怕水濕。避免土長濕，否則容易爛根。如被雨淋，應及時排除積水。

花友常見問題

如何才能使倒掛金鐘開得旺？

盆土可用腐殖質豐富的沙質土壤，肥足，花旺。花期，避免盆土過濕或積水。適期摘心可促使植株花朵旺盛，當小苗長到 10 厘米左右，可進行第一次摘心；第二次摘心可在新枝葉片長到 8 片左右。每次摘心後，應控制水分。

4 水大肥大，葉易黃。在炎熱夏季，植株處於半休眠狀態，要控制澆水，停止施肥。盆土略乾為好，澆水不可太勤，避免因澆水過多導致的枯黃、爛根現象。

5 氮肥過多，易死。氮肥過多，植株莖、葉、花出現水漬斑點，重者腐爛而死。輕者可澆水稀釋肥液，避免積水。重者棄株。

6 生白粉，葉蔫花小。此現象可每隔 10 天左右噴灑一次 800 倍液的 70% 托布津液，連續噴灑 2 ～ 3 次。日常養護保持通風和陽光充足，也可適當增施磷、鉀肥，提高植株抗體。

溫度　5 ～ 30℃，不低於 5℃。
水分　喜濕潤環境，怕水濕。
光照　喜涼爽、陽光，不耐高溫、不耐霜凍。宜擺放在朝南、朝東的陽台或窗台上。
花期　夏季。
土壤　適宜生長於富含腐殖質、排水良好的沙質壤土中。
繁殖　用扦插、水插、播種法。
施肥　生長期每半月施肥 1 次，開花前控肥。

山茶

止血散瘀、潤肺養陰

山茶花最喜微風吹動，能使生長良好，還能減少病蟲害。

又名“茶花”“海石榴”等，是“雪中四友”之一，具有止血散瘀、潤肺養陰等藥用功效。它能吸收二氧化硫、甲醛、苯等有害氣體，亦可吸附空中粉塵。

溫度 18～25℃，耐寒但不得低於-5℃。

水分 喜潮濕環境，怕乾燥、積水。

光照 喜溫暖、半陰環境，不耐高溫、曝曬。宜擺放在朝南、朝東的陽台或窗台上。

花期 早春。

土壤 適宜疏鬆、肥沃的酸性沙質壤土。

繁殖 用嫁接、扦插、壓條法。

施肥 4月花後、6月、9～10月各施肥1次。

花友常見問題

“茶花好看樹難栽”，是這樣嗎？

掌握三個步驟，山茶花並不難栽培。一是保根，換盆注意避免誤傷根系，保證土壤疏鬆，避免積水、濃肥。二是保葉，選用酸性土壤，不可曝曬；花蕾適量，即可葉綠繁茂。三是保蕾，應保證養分充足、土壤濕潤、通風良好。

1 定根水沒澆好，易死。新上盆的植株，對環境適應差，根系不穩，因此，定根水要澆好，標準為盆底有水滲出。然後置於陰涼、通風、保濕的地方；注意溫度不可過低，必要時套保溫袋。

2 鹽鹼性盆土，易死。喜酸性土壤，鹽鹼土壤會造成它“水土不服”。建議換疏鬆的酸性沙質土壤。

3 缺水，不開花。盆土缺水，導致植株水分不足，花蕾不能開放且易凋落。可適量補充水分，保證盆土濕潤，但亦不可過濕。

4 盆土板結，易死。喜疏鬆、透氣性好的土壤。盆土板結導致根部生長受阻，輕者落蕾，重者死亡。應及時更換盆土或者鬆土，保證植株根系健康生長。

春季　保證光照充足、盆土濕潤。花敗後換盆，新葉展開後開始施肥。

夏季　遮陰通風，氣溫較高時不施肥。

秋季　追施混合液肥 2 ～ 3 次。孕蕾期保持盆土濕潤。

冬季　進入花期，室內保持 10℃以上，澆水“間乾間濕”，不施肥。

5 缺鐵元素，葉萎黃。如果缺乏鐵元素，會導致植株發育不良，造成葉黃枯萎。可用腐葉土、腐熟餅肥，亦可噴灑硫酸亞鐵溶液。

6 花蕾過多，葉黃不開花。花蕾過多，造成植株營養不足。可根據花蕾實際情況進行疏蕾。另外，保證周圍空氣濕潤，光照充足。否則即使開花，也不理想。

文心蘭

改善空氣濕度

栽種時露出鱗莖，否則生長不旺盛，發小苗也困難。

花朵像翩翩起舞的少女，故又名“跳舞蘭”“舞女蘭”，使居室充滿熱鬧歡快的氣息。文心蘭可吸收空氣中的二氧化碳，釋放氧氣；對改善空氣濕度有幫助。

- 溫度　12～23℃，不得低於 8℃。
- 水分　喜濕潤，空氣濕度 50%～60%。
- 光照　喜溫暖、半陰環境，怕強光、乾旱。宜擺放在散射光、半遮陰的陽台或窗台上。
- 花期　成年株，一年四季均可開花。
- 土壤　適宜生長於通風、排水良好的混合基質壤土中。
- 繁殖　分株法繁殖。

1 夏季缺水，易枯黃。喜濕潤環境，怕乾旱。天氣炎熱時，要保持盆內基質濕潤；還可在周圍地面、台架、道路上噴水，保持空氣濕潤，通風良好。

2 盆土積水，易枯黃。盆土積水會影響植株正常生長。澆水要澆透，盆土乾了再澆水。乾濕交替有助根部生長和植株開花。

花友常見問題

新手如何選購文心蘭？

選分枝多、香氣濃、花量大的品種。若在冬季購買，必須選擇接近滿開狀的盆花，其他季節可選擇花蕾多的盆花。

3 曝曬，易死。怕強光。春末夏初，室外養蘭應遮光 30%；盛夏需遮光 50%；秋季可遮光 20% ～ 30%；冬季可放在室內陽光充足的陽台或窗台上，夜晚溫度低時注意保暖，以免凍傷。

4 黏質盆土，生長差。對盆土的質地較為敏感，不適宜黏質土壤。應選用顆粒狀基質土壤，可用樹蕨塊 3 份、苔蘚和沙各 1 份或山石 1 份的混合基質。

四季養護

春季　可在 10 ～ 15℃時放在直曬光中，保證水肥供應。

夏季　放半陰環境，休眠期保持環境乾燥、涼爽及通風；梅雨季節，噴灑藥物預防軟腐病。

秋季　增加水肥用量，可放置在室內散射光照處。

冬季　溫度如果低於 10℃，應停止澆水、施肥，注意防凍。

5 光照不足，不易開花。其“喜半陰環境”特性造成“多遮光”的誤區。遮光過度，反而導致葉片生長受阻，影響花芽的分化。

6 缺肥，花量少。應在新芽生長期和花蕾發育期，每半月用“花寶”原肥的 3000 倍稀釋液施肥一次，還可用“葉面寶”的 4000 倍稀釋液噴灑葉面。

春蘭

淨化空氣

傳統名花，又名“山蘭”“蘭草”等。清香氣味可降低室內異味，還可吸收甲醛、一氧化碳。

每次施肥宜在傍晚進行，然後早晨再澆清水，叫“回水”。

- 溫度　15～25℃，耐 -8℃～-5℃低溫。
- 水分　怕乾燥，空氣濕度 50%～60%。
- 光照　冬喜溫暖、夏喜涼爽，較耐寒，怕強光。宜擺放在客廳、書房裏。
- 花期　2～3月。
- 土壤　適宜生長在排水良好、腐殖質豐富的微酸性壤土中。
- 繁殖　分株法繁殖。
- 施肥　生長期每 2～3 週施肥 1 次，開花前後及冬季不施肥。

花友常見問題

怎樣保證春蘭年年開花？

一是澆水過多過少都不可，需保持盆土合理濕度。二是生長期需適當補充光照，促其開花。三是冬季溫度不宜超過 10℃，以免不開花。四是葉芽發得多，抑制花芽分化。五是病蟲害會導致不易開花，應及時防治。

1 悶濕環境，葉生黑斑。梅雨季節易出現此類問題。可加強通風，降低空氣濕度；噴灑 65% 代森鋅可濕性粉劑 600 倍液或 70% 甲基托布津可濕性粉劑 800 倍液。

2 分株不當，易死。秋末分株，3 ～ 5 株為一叢，剔去根上土壤，剪去枯爛根系，在傷口處蘸草木灰，晾乾。上盆後澆水，放置在陰涼處數日，慢慢見光。

3 高溫悶熱，易壞死。屬陰性植物，夏季應放涼爽環境中，保持空氣流通。可在植株上噴水降溫，並適當遮陰，補充散射光即可。

4 澆水不當，葉少枯黃。為肉質根，澆水既不能多也不能少，不要用污染過的水，還需保持一定空氣濕度，避免枝葉稀少、枯黃。

5 冬季澆水多，易死。冬季土壤應該保持在偏乾狀態。中午氣溫較高時，可向四周噴霧數次增加空氣濕度。

6 缺肥，葉薄且黃。萌發新芽或老株長新葉時，應保證肥料充足。整個生長期淡肥勤施，除了開花前後和冬季不施肥外，可每隔 2 ～ 3 週施肥一次。陰雨天不施肥，肥液不能澆入蘭芯中。

四季養護

春季　應在室外溫度穩定在 15℃以上，才能出戶。

夏季　澆水應待盆土乾了再澆；空調房內空氣濕度較低，應增加噴霧次數；庭院養植，防雨淋。

秋季　待生長停止時，可進行分株。

冬季　溫度降至 10℃左右，及時移至封閉陽台內。

蝴蝶蘭

淨化空氣

熱帶蘭中的珍品，適宜高溫、通風、空氣濕度大的環境。

被譽為“洋蘭皇后”。花色鮮豔，花形特別。可在夜間吸收二氧化碳，釋放氧氣。盆栽適宜裝飾居室，顯得典雅華貴。婚禮中常用作新娘捧花、儐相襟花。

- 溫度 18～28℃，耐 -8℃～ -5℃低溫。
- 水分 怕乾燥，空氣濕度 60%～80%。
- 光照 喜溫暖、半陰環境，不耐寒。宜擺放於散射光照環境，光線明亮的客廳、書房。
- 花期 花季為冬春季；條件適宜，可四季開花。
- 土壤 適宜生長於肥沃、疏鬆和排水良好的粗粒介質。
- 繁殖 分株法繁殖。
- 施肥 生長期每週施肥 1 次，10 月後減少施肥。

花友常見問題

怎麼選購蝴蝶蘭？

選擇原生種的開花植株，栽培容易成功，尤其是白花和紅花的蝴蝶蘭。原生種植株花瓣一般為純色，而花瓣有斑點、條紋的，多數為雜交種。

1 盆土不透氣，葉枯黃。黏質不透氣土壤易導致葉子枯黃，甚至爛根。應更換疏鬆、排水良好的粗粒介質，並保持良好的通風環境。

2 空氣乾燥，葉疲軟。喜空氣濕潤的環境，空氣濕度保持在 60% ～ 80%。可在植株葉片及環境周圍噴水，增加空氣濕度。但避免葉芯積水，可用紙巾吸乾。

3 葉心積水，葉黑根腐。將手指插進盆土，感覺有濕度可不澆水，可在乾燥表層適當噴水。另外，澆水時，要避免讓葉心積水，以防葉黑根爛而死。

4 溫度過低，落葉。喜溫熱環境，生長溫度不宜低於 15℃，否則影響其生長。若有受凍，可將落葉清除，放在溫度較高環境中進行緩苗恢復。

四季養護

春季　可將成年植株基部長出的小苗進行分株；成年植株在花蕾期和開花期不施肥，幼苗以施氮肥為主。

夏季　天氣乾燥時，向葉面和盆株四周噴水；避免強光直曬。

秋季　可增施磷、鉀肥，從花梗露出到開花，溫度應保持在 18 ～ 25℃。

冬季　儘量保持植株在不低於 15℃ 的環境中；向四周噴霧，保持基質濕潤。

5 光照不足，不開花。蝴蝶蘭喜陰，但仍需接受光照，可置於散射光照充足的地方，能促使其花朵繁多艷麗。

6 花期通風不暢，落蕾。開花期，通風不好，植株呼吸受阻，易導致花蕾枯黃、早落。應放於通風良好、光照適當的地方生長。

芍藥

疏肝養顏、養血活血

又名"將離""殿春花"等。相傳是玉女或花神為了救人間瘟疫，盜了王母仙丹撒向人間而成。其花、葉、根莖可入藥，有疏肝養顏、養血活血的功效。

芍藥較耐寒，但耐熱力較差，夏季高溫時要嚴格控水。

- 溫度 10～25℃，耐 -15℃低溫。
- 水分 喜濕潤、怕積水。
- 光照 喜涼爽、光照，耐寒。宜擺放於散射光照環境，光線明亮的客廳、書房。
- 花期 4～5月。
- 土壤 適宜生長於肥沃、疏鬆和排水良好的沙質壤土中。
- 繁殖 用分株、播種、扦插法。
- 施肥 生長期施肥 2～3 次，冬季不施肥。

花友常見問題

怎麼使芍藥開花旺盛？

給予充足陽光和良好通風環境。冬季休眠期施 1 次基肥。初春施 1～2 次氮、磷結合的肥料。花期摘除側蕾，保證主蕾營養。花謝後及時剪去花梗，再追施液肥。秋季及時剪去枯黃葉子施 1 次腐熟肥。

1 排水不良，易死。土壤積水使根部腐爛發黑，進而使植株生長不良。應翻盆、修根，用 60° 白酒擦洗根部後重新栽種。

2 澆水少，葉捲曲。植株葉面蒸發水分過多，葉片自動捲曲，以減少水分散失，是一種生理性保護現象。應及時補充水分，保持盆土濕潤。

3 曝曬，易死。要避免在強光下曝曬。曬傷後可將植株移至通風良好的半陰處緩苗幾日，保持土壤濕潤，待植株緩過來，再移至陽光充足的地方。

4 高溫多濕，葉生褐斑。發病初期，葉面生出淡黃綠色小點，逐漸變為褐斑。可用 0.5% 等量式波爾多液 (Bordeaux mixture) 或 65% 代森鋅 (Zineb) 800 倍液噴灑防治。將植株放在涼爽通風環境，勿積水。

5 春天分株，不易開花。分株適宜在秋天的 8 月下旬到 9 月上旬進行。可用園土、腐葉土、沙按照 4：3：3 的比例栽種。

6 氮肥過多，葉易黃。喜肥，但過量施氮肥，葉子容易變黃。平日可選用氮、磷、鉀相結合的肥料。

春季　保持陽光充足，澆水以盆土乾了再澆為好。

夏季　定期向植株四周噴水，高溫時不施肥。

秋季　不施肥，保持土壤濕潤偏乾。

冬季　不施肥，盆土偏乾，可放在 0℃左右的陽台上養護。

牡丹　清熱涼血，活血化瘀

為淺根性植物，栽植不可過深，以剛剛埋住根為好。

又名“富貴花”“百兩金”等。早在唐代就廣泛栽植，當時觀賞牡丹之況極盛，白居易曾詩曰“花開花落二十日，一城之人皆若狂”。

- 溫度　13～18℃，能耐 -15℃的低溫。
- 水分　忌多濕，耐旱。
- 光照　喜半陰，開花時怕強光曝曬。宜擺放在有紗簾的朝東或朝南的陽台上。
- 花期　春末至初夏。
- 土壤　適宜生長於肥沃、排水良好的中性砂質壤土中。
- 繁殖　多用播種、嫁接、分株法。
- 施肥　喜肥，可適當增加施肥頻率。

花友常見問題

盆栽牡丹怎樣澆水？

早春出室的牡丹應先施 1 次肥水，澆透水，盆土稍乾後鬆土。以後澆水應根據天氣、盆土情況適時適量進行，經常保持盆土潮潤偏乾，要防止盆內積水。生長旺盛期，盆土可適量保持濕潤。

1 入戶大曬，易死。新買的盆栽需適應新環境，要先澆透水，然後放在半陰通風處緩苗，期間不宜澆水，10 ～ 15 天再逐漸放置在南向陽台。新手不要輕易換盆。

2 澆水過多，易死。怕水濕，土不能積水，否則根易腐爛甚至死亡。澆水應該一次澆透，等到多半盆土已經乾了，再澆透水。

3 曝曬，葉易蔫。喜涼爽怕高溫，夏季常進入休眠狀態；故應放置於半陰處降溫，並控制澆水的次數。

4 長期蔭蔽，葉變黃。喜陽，除了夏季高溫時應遮陽，其他季節需光照充足。如果出現幼葉、嫩莖處變黃現象，應及時施肥，切忌一次大量濃肥，以免燒根。

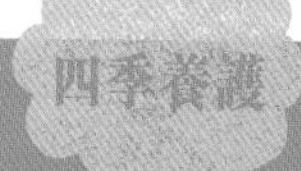

春季　土壤濕潤偏乾，花前施足花肥。

夏季　保持土偏乾，要遮陽、降溫。

秋季　10 月休眠，放置在陰涼通風處，減少澆水。

冬季　可放在 0℃左右向陽的封閉式陽台上，盆土偏乾。

5 春季栽植幼苗，不易開花。春季移苗、花枝剪取過長，這些都會影響開花。所以幼苗要在秋季栽植，剪枝不宜過長。

6 不整枝，花小色衰。如果花前給予了充分的肥料，依然不開花或花很小，那就是沒合理整枝。三年生植株保留 5 ～ 7 個健壯枝條，每枝保留一個花芽。若老枝變少，可保留兩個花芽，其餘全部摘除。

風信子

提神醒腦芳香油

夏季球莖休眠後，可放置陰涼處，低於 30℃為宜。

又名“五色水仙”“洋水仙”等，有紅、藍、白、紫、黃等眾多顏色。風信子的揮發性芳香油有提神醒腦的作用。避免誤食，以免身體不適。

- 溫度 5～18℃，花期以 15～18℃為宜。
- 水分 喜濕潤，忌乾旱、水澇。
- 光照 喜涼爽、陽光充足，耐寒。宜擺放在窗台、臨窗的書桌上。
- 花期 3～4月。
- 土壤 適宜生長於肥沃、排水良好的沙質壤土中。
- 繁殖 多用分株、播種法。
- 施肥 喜肥，耐貧瘠；水養不施肥。

1 發芽前直曬，易死。想要生根發芽，可放置在溫度較低、黑暗環境，待生根發芽後，再逐漸移至陽光充足環境。

2 換水不勤，易爛根。水培風信子需要良好的通風環境，3 ～ 5 天換水一次。可將爛根剪除，晾乾後再培養。

3 光照不足，葉變黃。喜涼爽，但又需充足陽光。所以在保證其溫度適宜的同時，也要保證光照充足，否則葉子易黃。

花友常見問題

風信子怎麼水培？

秋末選健壯的大鱗莖，立在水中，放陰涼處，可用黑布罩在盆面上，促進快速生根。生根後逐漸移至光照處，保持溫度在 18℃左右，正常情況下約 2 個月即能開花。水養期間，3 ～ 5 天換水 1 次。

4 水噴花上，花瓣易腐爛。為了保持盆土濕潤和周圍空氣的濕度，應常向植株噴水，但噴水要避開花瓣，以免造成焦斑腐爛。同時少搬動花盆，防止落花。

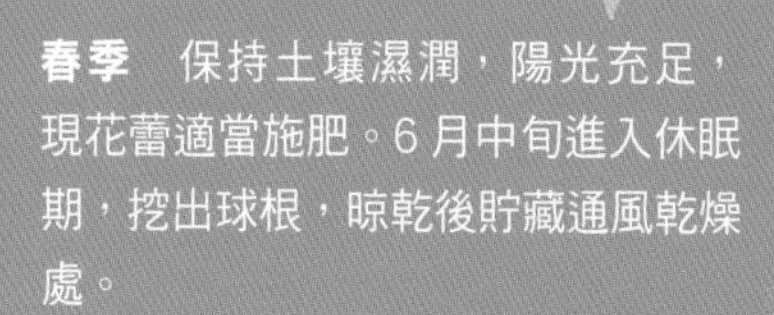

四季養護

春季　保持土壤濕潤，陽光充足，現花蕾適當施肥。6 月中旬進入休眠期，挖出球根，晾乾後貯藏通風乾燥處。

秋季　10 月播種，播後覆土 1 厘米，適當補充陽光，保持盆土濕潤。水培可放在 5℃左右的環境，防止凍傷。

5 花後枯萎，假死。6 月上旬，風信子葉子枯黃，進入休眠期，並未死。可將鱗莖挖出，晾乾貯藏，秋天 10 月再次栽種。

6 鱗莖貯藏溫度高，不易開花。鱗莖貯藏溫度保持在 20 ～ 28℃，並保持通風良好。鱗莖花芽分化最佳溫度為 25℃。如果沒有完成花芽分化，盆栽後就難以開花。

仙客來

淨化空氣

仙客來夏季休眠，要減少對休眠球莖的澆水。

又名"兔耳花""蘿蔔海棠"等。花簇就像在歡迎賓客的到來，是最常見的年宵花。可吸收二氧化碳、二氧化硫，過濾空氣中的灰塵，增加空氣濕度。

溫度 15～20℃，超過25℃停止生長。

水分 喜濕潤，忌積水。

光照 喜涼爽、陽光充足，不耐寒、怕高溫。宜擺放在朝東、南、西的陽台或窗台上。

花期 初冬到早春。

土壤 適宜生長於疏鬆、肥沃、排水良好的酸性壤土中。

繁殖 多用播種、分株、葉插法。

施肥 生長期每半月施肥1次，花期增施磷、鉀肥。

花友
常見問題

養護仙客來應注意哪些問題？

秋季仙客來開始萌芽，盆土以偏乾為好，注意通風遮陰。花期保持通風良好、光照充足，並加強水肥管理。待花梗抽出時，可增施一次磷、鉀肥。到花芽及嫩葉上，以免影響開花。

1 葉片擁擠，易葉黃腐爛。在生長期應置於通風良好、散射光處生長。避免因為葉片簇擁、通風不暢造成的葉子變黃、腐爛。

2 高濕悶熱，易枯死。這種環境下易染病。初期葉片出現暗綠色至黃白色小斑，嚴重時枯死。撒草木灰可預防此病。花謝後應及時將殘花連花柄一起摘除。

3 水大，球莖易腐爛。要遵循“寧乾勿濕”的原則。否則容易使休眠期的球莖腐爛。天氣乾燥時，要經常噴霧。

4 高溫乾燥，易死。溫度若達到 35℃以上，球莖易腐爛枯死。應將植株移至通風好、散射光充足的地方。天氣乾燥時，可在植株周圍噴水，保濕降溫。

5 花期低溫，花易凋落。不耐寒，其花季在初冬、早春，應保持溫度不低於 10℃，使花朵生長旺盛，花色鮮艷。

6 光照不足，不易開花。喜陽光充足的環境，除夏秋高溫季節需要遮陽外，生長期要多接受陽光照射。若長時間放置陰暗的環境中，則會生長不良，影響開花。

春季　適當增加磷、鉀肥；花期保持盆土偏乾。

夏季　不耐高溫，放置在通風良好的陰涼處，保持空氣濕潤，盆土偏乾。

秋季　保持光照充足，水肥充足，注意遮陰。

冬季　溫度保持在 10℃，盆土偏乾，注意防寒防凍。

月季

吸收有害氣體

又名“月月紅”“玫瑰”等。花色艷麗，香氣襲人，對二氧化硫、二氧化氮、氟化氫和氯氣等有抗性，還能吸收氯化氫、苯、苯酚、乙醚等對人體有害的氣體。寓意“吉祥幸福”。

如果月季放在室內，要打開門窗，保持空氣流通，若通氣不良易引發白粉病。

溫度 20～25℃，低於5℃進入休眠狀態。

水分 喜濕潤，稍耐旱，不耐大水。

光照 喜溫暖、陽光，較耐寒，忌炎熱。

土壤 適宜生長於含有機質、疏鬆的微酸性沙壤土中。

1 **缺水，易枯葉凋落。**喜濕潤環境，謹防夏季缺水造成枝葉乾枯。要及時補充水分，但忌盆土積水。

2 **高濕悶熱，葉易皺縮。**葉片出現菌絲，表面生長出一層白粉，以後逐漸蔓延擴散，導致受害葉片翻捲皺縮。要注意通風，植株不要栽得太密，增加光照，補充磷、鉀肥。

花友常見問題

為什麼我的月季不開花？

一是長期沒換盆，土壤肥力不足，尤其是缺少磷肥，影響花芽分化。二是若將其放在過於蔭蔽的地方，加上通風不良，影響花芽的形成。三是長期不修剪，植株分枝過多，養分分散，影響花芽形成。四是夏季常超過 30℃就會使根系生長受到抑制，若此時土中水分不足，會引起枝葉萎蔫及影響開花。

3 冬季盆土過濕，易死。在冬季已經進入休眠期，保持盆土不乾即可。土壤過於濕潤，植株無法吸收，容易使植株壞死。當氣溫超過 20℃時，可向植株葉面適當噴水。

4 施濃肥，新根易受損。春季萌芽展葉時，新根生長較快，濃肥容易造成新根受損。保持淡肥勤施，每半月施肥 1 次即可。

5 曝曬，花瓣易焦枯。夏季強光對花蕾發育不利，造成花瓣枯焦，花期縮短。要避免強光，在溫度過高時，注意遮陰。

6 光照不足，花少花期短。喜陽光充足，否則容易導致花量少，花期短。可放置陽光充的足環境中，促使其開花旺盛。

擺放在陽光充足、通風良好的環境中

不要放在臥室、陰暗房間

夏季盆土濕潤，冬季盆土不乾即可

每半月施肥 1 次，花期增施 2 ～ 3 次磷肥

扦插繁殖

1. 剪取 8 ～ 10 厘米長當年生、健壯無蟲害枝條，剪去基部的葉及側枝，保留上部 1 ～ 2 片葉。

2. 立即插入盆中，深度為插穗長的 1/3 ～ 1/2，澆透水，水從盆底滲出，罩塑料袋，置陰涼處。

3. 注意噴水保濕，20 天後逐漸增加光照和水分。30 天左右新葉變綠，新根長出，可上盆。

小蒼蘭

天然氧氣瓶

小蒼蘭花芽的形成宜短日照，之後宜長日照，能促使開花。

又名“香雪蘭”等。花姿柔美，花色清麗，花香甜潤，給人以親切感和溫馨感。小蒼蘭對氟化氫敏感，可作為監測氟化氫的指示植物；還可以吸收二氧化碳，釋放氧氣。

- 溫度 15～20℃，耐 0℃低溫。
- 水分 喜濕潤，忌乾旱。
- 光照 喜涼爽、陽光充足，不耐高溫，不耐寒。宜擺放在朝東或朝南的陽台或窗台上。
- 花期 2～5 月。
- 土壤 適宜生長於富含腐殖質的沙質壤土中。
- 繁殖 分株法繁殖。
- 施肥 盆內有基肥，開花前每月施肥 1 次。

花友常見問題

怎樣控制開花時間？

小蒼蘭不開花，其原因：一是生長溫度過高，造成莖葉徒長，導致不易開花，可保持其溫度在 15 ～ 20℃；二是冬季溫度低，導致花期推遲。小蒼蘭安全越冬的溫度為 0℃以上，若想正常開花，可將溫度提高至 10 ～ 15℃。

1 新種植株水大，球莖易腐爛。性喜濕潤，但剛剛種植的球莖吸收水分能力較弱，容易爛根。此時，澆水應待盆土乾透後再澆。待其發芽後，可逐步加大澆水量。

2 空氣乾燥，葉易黃。乾燥的空氣容易引起葉尖枯焦，應放在陰涼通風處，並經常向葉面噴水，增加環境濕度。

3 室溫過高，花易枯萎。小蒼蘭喜涼爽環境。當室溫超過 25℃時，花朵極易枯萎。應將植株移放到 15 ～ 20℃的環境中，保持良好通風。另外，避免向花朵噴水，可噴灑植株周圍。

4 盆土含病菌，根易腐爛。上盆栽種前，要對土壤及繁殖材料進行消毒。若已發病，可剪除病根，並將其焚毀。為剪口塗硫磺粉或代森鋅；藥物治療時，可用 1% 福爾馬林或鏈霉素 1000 倍液噴灑。

5 氮肥過量，枝葉易徒長。可施磷鉀肥，用 5 倍腐熟的液肥或 1000 倍“花多多”通用肥，施用 2 ～ 3 次。抽苔現蕾期，可 7 ～ 10 天追肥 1 次，開花後不施肥。

春季　保持充足光照及盆土濕潤，適當施肥。

夏季　進入休眠期，保持盆土偏乾；避免陽光曝曬，注意通風。

秋季　應保證充足光照，溫度 10℃以上，可在次年三月開花。

冬季　能耐 0℃低溫，可將其放在 0℃以上、光照充足的環境中。

朱頂紅

美化環境

花後每 20 天左右施 1 次肥，可促使鱗莖增大和產生新鱗莖。

又名“孤挺花”等，像一顆閃耀的紅星，指引困境中的人們勇往直前。可在開花時放置在室內顯眼處，亦可剪下花株插於花瓶中欣賞。

- 溫度 18 ～ 23℃，低溫 5℃。
- 水分 喜濕潤，忌水澇。
- 光照 喜陽光充足，忌強光，不耐寒。宜擺放在朝東或朝南的陽台或窗戶上。
- 花期 春季。
- 土壤 適宜生長於疏鬆、肥沃和排水良好的沙質壤土中。
- 繁殖 多用分株、扦插法。
- 施肥 生長期每半月施肥 1 次。

花友常見問題

怎樣給朱頂紅合理澆水？

栽植後，待葉片抽出約 10 厘米後方可正常澆水。生長期保持盆土濕潤，忌過濕和積水，應在盆土變乾時再澆水。出現花莖和葉片時可增加澆水頻率。秋季，保持盆土偏乾；葉片枯黃時，應停止澆水。

1 高溫多濕，易死。忌高溫。保持良好通風，否則易生病菌。生病後每 7～10 天澆 1 次 2% 的硫酸亞鐵水溶液，發病初期用 50% 的退菌特 1000 倍液噴灑。

2 液肥澆到葉叢，葉基易腐爛。喜肥、耐肥。但是施肥時，若將液肥灌入葉叢內，容易造成葉基腐爛。應及時用紙吸乾。

3 盆土過濕，新苗易腐爛。新栽種的鱗莖，澆水要一次澆透，直至水從盆底滲出，以後不宜多澆，放在陰涼處。另外，確保鱗莖的 1/3 ～ 1/2 露出土面；花盆也不宜過大，防止吸水過多。待長出葉片，再恢復正常澆水。

4 光照不足，葉枯黃。怕強光，但是光照不足同樣會引起葉片枯黃。夏季避免正午強光直曬，春秋則要保持陽光充足。

5 提升溫度，提前開花。給休眠的植株澆一次透水，即看到水從盆底滲出，可打破其休眠，再將環境溫度提高到 18℃以上，可提前兩個月開花。若每天堅持晚 5 點遮光至第二天晨 8 時揭開，控制得好，花期還可提前一個月。

春季　新球以偏乾為宜；待葉片長出後，保持盆土濕潤，每隔 15 天左右施 1 次稀薄液肥，現蕾後施磷酸二氫鉀 1000 倍液 1 次；開花後每隔 15 天施 1 次磷酸二氫鉀液。

夏季　忌強光、高溫，保持土壤濕潤。

秋季　氣溫下降，應當停肥、少水，保持陽光充足。

冬季　休眠期，不澆水、不施肥。

長春花

抗癌藥用

又名“五瓣梅”“日日草”等。花型緊湊而整齊，幽雅宜人。有“青春常在”、“春天常駐”的美好寓意。它是重要抗癌藥用植物之一，但莖葉汁液有小毒，避免誤食。

果實發黃時，應及時摘取種莢，否則很難採得種子。

- 溫度 18～24℃，不低於 5 ℃。
- 水分 喜稍乾環境，怕積水。
- 光照 喜陽光，不耐寒。宜擺放在朝東或朝南的陽台或窗台上。
- 花期 5～10 月。
- 土壤 適宜生長於疏鬆、肥沃和排水良好的壤土中。
- 繁殖 用扦插、播種法。
- 施肥 生長季每半月施肥 1 次。

1 盆土過濕，葉易枯黃。喜乾、怕濕。若盆土長期過濕，根系必定受損，從而導致葉片枯黃。要控制澆水量，盆土微濕即可。

2 溫度低於 5℃，易受凍。長春花不耐寒。冬季室溫保持在 6℃以上，否則容易受凍而死。應保持陽光充足並控制澆水，盆土以偏乾為好。

3 梅雨季，易死。雨水多、空氣濕度大，高溫悶熱影響植株生長，重者導致其萎蔫死亡。應將盆株擺放在通風良好的地方，避免淋雨。亦可鬆土透氣，蒸發水分，減少澆水次數。

4 板結鹼性土，葉黃不開花。若盆土偏鹼性、土質板結，根鬚吸水困難，將導致葉子發黃且不開花。可改用微酸性、肥沃且排水性好的土壤。

5 缺肥，葉子發黃。葉子枯黃沒有光澤，如果光照和盆土濕度沒有問題，則很可能是由於缺肥導致。長春花較喜肥，可以用一些緩釋複合肥，每半月施肥一次，並保持充足光照和水分。

花友常見問題

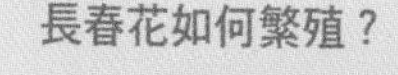

長春花如何繁殖？

播種：春季播種，發芽適溫為 18～24℃。通常播種 2～3 週後可發芽。幼苗期要避免強光和高溫。

扦插：春末用嫩枝扦插，夏季用半成熟枝扦插，插條 8～10 厘米，剪去下部葉，留頂端 2～3 對葉，插後 2～3 週可生根。

四季養護

春季 確保光照充足，盆土濕潤偏乾為好，每半月施稀薄肥液 1 次。

夏季 保持良好通風，避免因空氣濕度大影響植株生長。

秋季 氣溫下降時，移至溫暖、光照充足的地方。

冬季 保證室溫在 5℃以上，盆土以乾而不燥為宜，停止施肥。

蒲包花

富貴旺家

蒲包花天然結實困難，必須人工授粉，才能獲得種子。

又名“荷包花”“元寶花”等。花語為“富有、富貴”，是初春之季主要觀賞花卉之一，能補充冬春季節觀賞花卉的不足，可作室內裝飾點綴。

- 溫度　7～15℃，不低於 3℃。
- 水分　喜濕潤，忌水澇。
- 光照　喜涼爽、光照充足環境，不耐寒，忌高溫。宜擺放在陽台、客廳、書桌等。
- 花期　12 月至翌年 5 月。
- 土壤　適宜生長於疏鬆、肥沃和排水良好的沙質壤土。
- 繁殖　用播種法繁殖。
- 施肥　生長期每半月施肥 1 次。

1 天氣悶熱，幼苗易死。幼苗纖弱，天氣悶熱、通風不良，會使植株基部葉片乾枯。夏季中午前後應將盆株移至通風、涼爽處，盆土見乾再澆水。

2 葉片沾肥，易腐爛。較喜肥，10 天左右施 15% 餅肥水 1 次，但是肥水沾到葉片，易引起腐爛，應及時用紙吸乾。

花友常見問題

怎樣繁殖蒲包花？

播種應在 8 ～ 9 月溫度較高時於室內進行，可選用腐葉土與細沙混合土，種子播下後覆上一層過篩的細沙，蓋住種子即可。然後將盆底浸水潤濕盆土，盆面蓋玻璃，放置陰涼處 7 ～ 10 天可出苗。

3 空氣濕度小，葉易黃。喜較高的空氣濕度，相對濕度最好能達 80% 以上；若空氣乾燥，葉片容易變黃乾枯。可經常往花盆周圍灑水，以增加局部空氣濕度。

4 空氣乾燥，易生紅蜘蛛。空氣乾燥易誘發紅蜘蛛，造成植株生長不良，難以開花。可為植株及周圍噴霧增濕，保持空氣濕度。

5 室溫低，生長慢。喜涼爽環境，室溫低於 8℃，會影響植株正常生長。另外，保持充足光照對其生長也非常重要。

6 增加光照時間，春節開花。增加光照，能促其形成花芽，提早開花。從 10 月起每天太陽落山後，人工增光 4 ～ 5 小時光照，可在元旦開花。若在 12 月初開始用燈光補光，也可使它在春節期間開花。

春季　保持盆土濕潤，待盆土乾了再澆水，陽光充足。

夏季　不要讓水珠積聚在葉面及芽苞上。

秋季　待葉片長滿盆後，可每半月施稀釋腐熟液肥 1 次；適當遮陰，盆土偏乾為好。

冬季　生長溫度不低於 10℃，少水、停止施肥。

長壽花

防輻射治外傷

又名“好運花”“壽星花”等。能吸收二氧化碳，釋放氧氣；有很強的防輻射功能，能減少電腦等的輻射，適合裝飾辦公室。鮮長壽花適量搗爛敷患處，治外傷出血、燙傷、濕疹。

種植時在盆底放層碎木炭塊或石塊，可增強土壤通透性。

- 溫度 15～25℃，不低於 5 ℃。
- 水分 喜濕潤，怕積水，耐乾旱。
- 光照 喜溫暖，怕高溫、寒冷，耐半陰。宜擺放在朝東或朝南的陽台或窗台上。
- 花期 12 月至翌年 5 月。
- 土壤 適宜生長於疏鬆、肥沃和排水良好的沙質壤土中。
- 繁殖 用扦插法。
- 施肥 生長期每半月施肥 1 次。

花友常見問題

如何使長壽花花色更艷？

生長期每 2～3 週施 1 次稀薄複合肥。盆土需保持濕潤，冬季應控制澆水。盛夏中午要移到陰涼處，冬季必須放在室內光照充足位置，並經常調整採光方向，使植株均勻受光。夜間溫度保持在 10℃以上，白天溫度保持在 15～18℃。

1 **盆土過濕，易死。**體內含水分較多，比較耐乾旱。故生長期不可澆水過多，否則易爛根死亡。盆土以濕潤偏乾為好；天氣乾燥時，可對盆株周圍環境噴水增濕。

2 **氣溫過低，葉萎蔫。**不耐寒，室溫應保持在 10℃以上，盆土宜偏乾，可維持良好長勢。一般室溫不低於 6℃就可安全越冬。

3 **夏季曝曬，葉易凋落。**夏季注意遮陰，強光曝曬使葉片開始變軟並逐漸掉落。可移至半陰環境，再適當澆水，可逐步恢復。但切記不可過量澆水，以免先乾後澇，導致葉片脫落。

4 **過陰環境，枝條徒長。**生長期除盛夏需要遮陽，保持 60% 的透光率外，其他季節應經常給予充足的光照，否則容易造成枝條徒長，株形鬆散。

5 **缺肥，花苞易枯。**施肥應在春、秋生長旺盛季節和花後進行。一般每 15～20 天施稀薄液肥 1 次，或在盆土表面施長效緩釋顆粒肥。

四季養護

春季　將盆株放於陽光下莳養，保證光照充足，盆土潮潤偏乾即可。

夏季　中午前後適當遮陰保持通風，盆土濕潤偏乾為宜。

秋季　保持陽光充足，秋末增肥 1～2 次。

冬季　低溫時減少澆水，不施肥。

一串紅

監測大氣污染

一串紅必須時常摘心，可使植株豐滿、開花繁茂。

又名“西洋紅”“爆仗紅”等。對氯氣有較強的抗性，具有吸收有害氣體、淨化環境、監測大氣污染的作用，對人體健康有利。

- 溫度 13～30℃，不低於5℃。
- 水分 喜濕潤，忌霜雪、積水。
- 光照 喜陽光，不耐寒，忌乾熱。宜擺放在陽光充足的陽台或窗台上。
- 花期 7～10月。
- 土壤 適宜生長於疏鬆、肥沃的非酸性沙質壤土中。
- 繁殖 用播種、扦插法。
- 施肥 生長期每半月施肥1次。

1 低溫環境，易落葉。氣溫低於5℃，葉子易變黃脫落。應移放在13～30℃的環境中，但是當溫度超過30℃，植株生長發育受阻。

2 生長前期水大，葉易黃。生長前期，澆水要在盆土乾了以後再澆，並時常鬆土，促進根系生長。待進入生長旺期，可適當增加澆水量。

3 盆土乾燥，易落葉落花。進入生長旺期，植株吸收水分能力增強，若土壤過於乾燥，易引起落葉落花。可適當增加澆水量，保持盆土濕潤。

花友常見問題

如何能在不同季節看到一串紅開花？

通過分期播種的方法即可。若想使其在"五一"開花，應選一串紅於上一年8月中、下旬播種，幼苗室溫保持在20℃左右，控制水量，保持光照充足即可。若想使其在國慶節開花，可選一串紅於3～4月在室內播種，於晚霜後移至室外養護，進行幾次摘心處理，並加強肥水管理，可在國慶節開花。

4 光照不足，易徒長。生長期，若光照不足，植株易徒長，莖葉細長，葉色淡綠。要求每天至少要接受4小時的陽光直曬，溫度超過30℃，注意遮陰。

5 養分不足，開花不旺。一串紅喜肥，生長旺季應每月施2～3次腐熟餅肥液，配合葉面噴施0.1%～0.2%磷酸二氫鉀液，可使植株健壯，花繁色艷。

四季養護

春季　可播種，小苗健壯後追肥，保證陽光充足，盆土忌過濕。

夏季　可在生長旺期適當增加澆水，超過30℃，注意遮陰，半月左右施肥一次。

秋季　開花切記追肥，保證光照充足、盆土濕潤。

冬季　溫度驟降，植株逐漸枯萎。

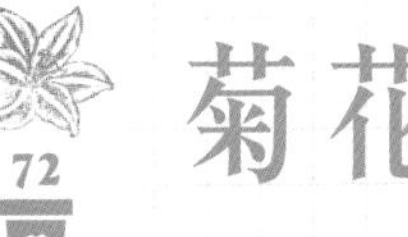

菊花

靜心安神

澆水切忌盆泥濺到葉面，以免葉片染菌發生病害。

又名“帝女花”“壽客”等。菊花可靜心安神、緩解疲勞。有些品種入藥或食用，有疏風清熱、平肝明目、解毒消腫的功效。能抗二氧化硫、氯化氫等有害氣體，可減少苯污染。

- 溫度 15～22℃，地下根耐 -10℃低溫。
- 水分 喜濕潤，忌積水。
- 光照 喜半陰，忌高溫，不耐乾旱。宜擺放在涼爽、陽光充足環境下。
- 花期 10～12 月。
- 土壤 適宜生長於腐殖質豐富、排水良好的沙質壤土中。
- 繁殖 用扦插法。
- 施肥 生長期每半月施肥 1 次。

花友常見問題

怎麼扦插菊花？

在 4～5 月剪取老株上的基部萌芽，插入腐葉土和河沙各半的基質中，遮陰保濕，在 18～21℃室溫下，插後 15～20 天生根。若用 0.2% 的吲哚丁酸處理 1～2 秒，還可使其提早生根，根系更加發達。

1 **積水，易死。**怕積水。陰天、下雨天切忌澆水，氣溫高時，適當加大水量，並給植株周圍噴水降溫。澆水見乾再澆，澆水則要一次澆透，水從盆底滲出。

2 **初冬扦插，葉易黃。**冬初扦插，第二年才可開花，容易造成下部根莖木質化。可選在 4～5 月間採用嫩枝扦插，就會避免此現象。

3 **潮濕悶熱環境，易病。**多發生在多雨季節。可放在遮陰、涼爽的通風環境下養護。最好選用高溫消毒後的盆土種植。

4 **氣溫過低，易凍傷。**長江以南的地區，當植株花謝枯萎後，要剪去距地面 15 厘米高處的莖幹，澆上 1 次越冬水，再用落葉、乾土覆蓋，使莖幹外露 3～5 厘米，即可使其安全越冬。

四季養護

春季　保證陽光充足，盆土濕潤，但幼苗期應少澆水，避免盆土過濕或積水。

夏季　注意遮陰，可在早晚各澆水 1 次。

秋天　開花前可增加肥水量，但避免因肥水過多造成枝條徒長的情況。

冬季　地上枝枯萎後剪除，盆栽菊可移至室內越冬。

5 **葉片沾染肥液，易枯黃。**施肥後，可用噴水壺向植株噴水，沖掉植株葉面肥液。同時，施肥應在盆土偏乾時進行。

6 **夏末秋初肥水過剩，易徒長。**春季幼苗要少水少肥，夏季天氣炎熱，可適當增加水分。立秋前，要適當控制水肥，否則植株易徒長。

米蘭

殺菌除異味

秋末應停止施肥，以免提前促發新梢，而受凍傷。

又名“樹蘭”“伊蘭”等。能吸收空氣中的二氧化硫和氯氣，具有殺菌作用，可清除室內異味。它枝繁葉茂、葉色亮綠，全年開花不斷，使庭院和居室充滿清香。

- 溫度 5～30℃。
- 水分 喜濕潤，怕乾旱、積水。
- 光照 喜陽光，耐半陰，不耐寒。宜擺放在涼爽、半陰環境。
- 花期 四季，以夏、秋為盛。
- 土壤 適宜生長於肥沃、疏鬆的微酸性壤土或沙質壤土中。
- 繁殖 用扦插、壓條法。
- 施肥 生長期每半月施 1 次腐熟稀薄餅肥水或礬肥水。

1 盆土過濕，易死。雖喜濕潤，但不能過濕，否則容易爛根死亡。上盆後，可澆 1 次透水，水從盆底滲出，然後放在半陰處。待夏季氣溫高，澆水量可稍大。

2 花期水大，易黃葉落蕾。花期，要適當減少澆水量和澆水次數，保證盆土濕潤即可。若夏季乾燥，可早晚向葉片噴水。

花友常見問題

夏季養護應注意什麼？

夏季，米蘭植株多數葉芽長出嫩葉時即表明已進入生長旺季。應將其放在室外的向陽處，保持盆土濕潤；還應施一些稀薄的氮肥，以促進發枝長葉。追施磷肥，可促使其生長旺盛和多孕蕾。

3 秋冬乾燥，葉尖易焦黃。秋冬空氣乾燥，要避免因植株脫水，葉尖焦黃，可經常噴水。另外入室時間不可過遲，以免受到風寒。

4 春天出房過早，易凍傷。不耐寒，春季，待氣溫回升穩定後，再出房。可在出房前進行煉苗，如打開門窗，中午搬出室外，晚上搬回，使其逐漸適應室外環境，然後再正常出房養護。

四季養護

早春　季節保持盆土偏乾，15 天左右施肥 1 次。

夏季　進入開花期，保持陽光充足、盆土濕潤，注意遮陰和盆土積水。

秋季　氣溫下降至 15℃左右時，將盆株移至室內培養。

冬季　室溫宜保持在 10～12℃，盆土稍乾。

5 盆土鹼性，葉黃不開花。米蘭忌鹼性土壤，肥料和澆灌用水也不宜用鹼性。可在土壤中加入硫酸亞鐵溶液或用腐熟淘米水澆花，使鹼性土壤酸化。

6 花期氮肥大，花少香氣淡。開花後需要及時補充營養，但是不可過多施用氮肥。另外，保持充足光照和適宜溫度也是必要的。

君子蘭

淨化空氣

葉子有趨光性，需時常轉動花盆，以保持良好株形。

又名“達木蘭”“大花君子蘭”等。能吸收大量的二氧化碳、粉塵、灰塵和煙霧等有害氣體，對室內空氣起到過濾作用。它每天釋放的氧氣量是一般植物的幾十倍，可謂“家庭氧吧”。

- **溫度** 15～25℃，不低於5℃。
- **水分** 怕積水，空氣濕度70%～80%。
- **光照** 喜半陰，忌強光，不耐寒。宜擺放在幾案、低櫃、窗台等處。
- **花期** 2～4月。
- **土壤** 適宜生長於疏鬆透氣、富含腐殖質的沙壤土。
- **繁殖** 用播種、分株法。
- **施肥** 生長期每月施肥1次。

1 強光直曬，葉萎蔫。若夏天放在露天環境或陽台上任陽光直曬，很容易造成日灼病，使葉片變得薄黃萎蔫。應移至通風好的半陰環境中。

2 積水，易死。肉質根內可貯存一定水分，較耐旱。若土壤積水應及時排出，並置通風、乾爽處，還可鬆土散濕，快速蒸發積水。

3 通風不暢，葉易軟腐。此時，應立即把病株分開，掰開腐爛病葉，用消毒刀刮去腐爛部分，稍晾乾，適當補充陽光，放在乾燥、通風環境養護。

4 靠近根系施肥，葉基易爛。施肥要避免靠近根系，以免燒傷根系。通常每月施 1 次腐熟的餅肥，剛栽植的植株不用施肥。

花友常見問題

幼株成長後怎樣進行換盆？

換盆在春季穀雨前或秋季，氣溫保持在 20℃左右。可加過磷酸鈣與土混合均勻作為基肥。換盆時小心傷到根系，肉質根應保留老土，剪去過長根系。在加土過程中，逐漸提起植株，使根系完全舒展。澆 1 次透水，置於陰涼處服盆即可。

四季養護

春季　適當加大水肥使用量，生長期保證充足的散射光照，保持盆土微微濕潤。

夏季　控制澆水，增加空氣濕度，加強通風，注意遮陰。

秋季　9～10 月追加肥料，保證充足散射光照，保持盆土潤而不濕。

冬季　溫度不低於 5℃，少澆水，保持盆土乾而不燥。

5 缺水，易夾箭。冬季是花莛抽出的季節，需水分充足。可在保持溫度適宜的情況下適當增加澆水量，保持盆土濕潤。

6 低溫，易夾箭[①]。當出現花葶時，室溫若低於 12℃，容易出現夾箭現象。可適當增加室溫至 15℃以上，便可防止夾箭現象的發生。

① “夾箭”是指君子蘭抽箭時箭杆抽不出，被夾在塔座內開花的現象。

馬蹄蓮

吸收二氧化硫

馬蹄蓮不宜深栽，所以栽種時最好選擇淺盆。

又名"水芋""慈菇花"等。馬蹄蓮花梗高聳、花形優雅，可吸收二氧化硫，擺放在居室，清新怡人。其塊莖、花朵內含大量草酸鈣結晶和生物鹼，千萬不要誤食。

溫度　15～25℃，耐5℃低溫。
水分　喜濕潤，不耐乾旱。
光照　喜陽光充足，不耐寒，稍耐陰。宜擺放在書房、客廳、窗台等處。
花期　2～4月。
土壤　適宜生長於肥沃、疏鬆的微酸性壤土中。
繁殖　分株繁殖。
施肥　生長期每半月施1次肥。

花友常見問題

怎樣給馬蹄蓮修剪整形？

葉子繁茂時應及時疏葉，以利於花梗抽出。可將外部老化葉片從基部剝除，以保持良好的通風。隨時剪去病葉及枯黃葉。花謝後應及時剪掉殘花和花莖，以免消耗養分。

1 盆土過濕，易死。盆土過濕，容易引起莖塊腐爛死亡。應控制水量，保持盆土乾濕適宜。另外，塊莖不宜種植太深。

2 強光直曬，葉焦黃。喜陽光充足，但強光直曬，容易灼傷葉片和佛焰苞。在強光季節，需要遮陰 50%，若長期置於半陰環境，也會影響開花。

3 葉柄沾肥，易腐爛。施肥時，注意避免肥水流入葉柄內，導致葉柄因燒傷而腐爛。可用細噴壺噴水，沖刷肥液。

4 未及時入戶，易凍傷。通常 10 月份寒露節前將盆株搬進室內，控制澆水，保持室溫不低於 10℃，可正常生長；低於 5℃進入休眠期；若低於 0℃，易凍死。

四季養護

春季　保持盆土濕潤，並保證陽光充足。

夏季　天氣轉熱，塊莖進入休眠期，注意遮陰，減少澆水量。

秋季　待葉片伸長展開後追肥；溫度降至 25℃以下時，逐步增加早晚光照。

冬季　保持溫度在 10℃左右，保持土壤濕潤偏乾。

5 缺少光照，易徒長。馬蹄蓮喜半陰環境，但長期缺少陽光容易造成植株徒長，開花受到影響。應移放至散射光充足的地方補充陽光。

6 抽生花葶時缺水，花不旺。抽生花葶時，要保持盆土濕潤；否則，花少且小。給馬蹄蓮澆水要隨着葉片的增多而增加。生長期需經常澆水，並且早、晚用水噴灑花盆周圍地面，增加濕度。

杜鵑

淨化空氣

杜鵑開花時爛漫似錦，萬紫千紅，有“吉祥”“如意”的寓意。對二氧化硫、臭氧等有害氣體的抗性和吸收能力較強。

杜鵑花根系淺，生長慢，可選用較小、較淺的盆。

- 溫度 15～28℃。
- 水分 喜濕潤，怕乾旱，忌水澇。
- 光照 喜涼爽，較耐寒，忌曝曬。宜擺放在書房、客廳、窗台等處。
- 花期 4～6月。
- 土壤 適宜生長於肥沃疏鬆、排水良好的酸性壤土中。
- 繁殖 用扦插、壓條法。
- 施肥 2年以上植株生長期每半月施1次肥。

花友常見問題

杜鵑葉片為什麼由綠變紅？

進入秋冬之後，植株停止生長。葉片中積蓄着葡萄糖等養分，是備來年春天再度生長時用的。這些積蓄的養分遇低溫就會使葉片變成紅色，屬正常現象。等到第二年春季，葉片又會由紅轉綠。

1 氣溫低，易受凍。杜鵑種類繁多，耐寒程度差別較大，部分種類若低於15℃，就會受凍落葉。秋末，應將植株移入室內保暖，室溫應保持在12℃左右。

2 鹼性土壤，葉易黃。可在杜鵑生長期間，每隔15天左右澆施1次礬肥水或向葉面噴施0.2%的硫酸亞鐵液，以逐漸改變土壤鹼性，也可在灌溉水中加幾滴醋。

3 高溫季節，葉易黃。因高溫悶濕引起的真菌疾病。嚴重時葉片枯黃脫落。要及時剪除病葉，注意通風透光，並用75%百菌清1000倍液或50%克菌丹500倍液噴灑，每隔7～10天噴1次，連噴2～3次。

4 悶熱乾燥，花蕾易枯。喜涼爽環境，宜放在通風良好的涼爽環境中；花期要保證充足水分供應，保證花株正常開放。

5 秋季水大，易掉花。秋季乾燥，容易造成“多澆水”的誤區。應該用向葉片噴水、增加周圍空氣濕度的方式保持水分，盆土保持濕潤即可。

6 光照不足，花量少。花期應保證光照充足，涼爽、通風好。另外，充足的水分也很重要。

春季　保持盆土濕潤，待溫度升高，注意適當遮陰。

夏季　放至半陰環境，每天早晚各澆水1次，保持通風良好，溫度適宜。

秋季　早晚適當增加光照，秋末控制水量。

冬季　可放於5℃以上有光照的陽台上，保證充足光照，盆土濕潤。

大岩桐

活氧增濕

又名“落雪泥”“絲絨花”等。花瓣厚，有絲絨般的質感，嫵媚艷麗。可有效去除空氣中的塵埃，吸收二氧化碳，釋放氧氣，有活氧增濕的效果，是淨化空氣的好幫手。

分割塊莖繁殖大岩桐時，必須每塊都帶芽眼。

1 栽種太深，易死。通常，兩年生塊莖常用直徑 12～15 厘米的花盆，深度保持在栽後不動搖的深度為好。

2 盆土過濕，易死。澆水以見乾見濕為準則，切忌盆土過濕，以免造成塊莖腐爛。秋季氣溫降低時，減少澆水量，當莖葉全部枯萎時完全停止澆水。

四季養護

春季 保持盆土濕潤，陽光充足，花期施磷、鉀肥。

夏季 花後進入休眠狀態，保持盆土稍乾，放通風、乾爽處養護。

秋季 加強肥水管理，保持盆土濕潤。

冬季 塊莖再次休眠，盆土保持稍乾，室溫保持在 5℃以上。

花友常見問題

大岩桐怎樣越冬？

冬季進入休眠期。可挖出塊莖，貯藏於不低於 5℃的陰涼、微濕的沙中越冬，待到翌年春暖時，再用新土栽植。亦可直接在盆土中休眠，保持盆土稍乾燥。放置在 5℃左右的環境中越冬。

3 空氣乾燥，葉易黃。空氣乾燥又會引起葉片枯黃。尤其夏季，可向植株噴水 1 ～ 2 次，以增加空氣濕度。

4 葉片積水，易腐爛。澆水時，常造成葉片表面和嫩芽沾水。如有水珠可用衛生紙吸乾，以免葉片積水腐爛。

5 高濕環境，易枯萎。大岩桐為半陽性植物，喜半陰環境。夏季，可將植株放置在有散射光，且通風良好的環境養護。

6 空氣乾燥，易生紅蜘蛛。在天氣炎熱、乾燥的時節，植株易生紅蜘蛛；可用自來水沖洗葉片與植株；與此同時，改進通風，加強遮陽，降低溫度，增加空氣濕度。

- 溫度　18 ～ 23℃，5℃可越冬。
- 水分　喜濕潤，怕積水。
- 光照　喜半陰環境，不耐寒，忌強光。宜擺放在書房、客廳等處。
- 花期　4 ～ 11 月。
- 土壤　適宜生長於腐殖肥沃、疏鬆的微酸性壤土中。
- 繁殖　用播種、葉片扦插法。
- 施肥　生長期每半月施磷、鉀肥一次。

花毛茛

治療偏頭痛

花毛茛在花期需水量偏大，如果缺水，植株很容易萎蔫。

黃色代表"勤奮"，紅色代表"大展宏圖"，橙色代表"福壽康寧"等。其鮮根和食鹽搗爛，可輔助治療偏頭痛，但不宜久敷。

- **溫度** 5～20℃，不低於 -5℃。
- **水分** 喜濕潤，忌積水、乾旱。
- **光照** 喜半陰環境，較耐寒，忌強光。宜擺放在書房、客廳等處。
- **花期** 4～5月。
- **土壤** 適宜生長在肥沃、疏鬆的微酸性壤土中。
- **繁殖** 用播種、分株法。
- **施肥** 開花前追肥 1～2 次，花後再施肥 1 次。

1 缺乏光照，葉易黃。喜半陰環境，容易缺乏光照。應放在散射光照充足的地方補充陽光，良好的通風環境也是必要的。

2 曝曬，落葉掉花。喜半陰環境，怕強光。夏季強光時應移放到陰涼通風處，在植株及周圍環境噴水，保持土壤和空氣濕潤。

3 陰雨天，易生病斑。陰雨天，空氣濕度大，容易導致葉片正面產生黃褐色斑，背面附有白色霜狀霉斑。可用 75% 百菌清可濕性粉劑 500 倍液噴灑。

花友常見問題

如何繁殖花毛茛？

繁殖可用播種法和分株法。播種法，採收 6 月份成熟的種子，晾乾，貯於陰涼處，9 月下旬播種，第二年春天多數可開花。分株法，9 月份，將 6 月份貯存的塊根掘起，順其間隙分成數塊，每盆有 3～4 個塊根，栽植即可。

4 澆水過勤，葉萎蔫。生長旺盛期，需要充足水分，但往往容易澆水過勤，造成盆土積水，而導致葉片萎蔫枯萎。此時應停止澆水，將盆側放，鬆土透氣。

5 嚴寒，易枯黃。當氣溫下降至 -5℃以下時，應搬入室內有充足光照的地方。同時，澆水不宜多，保持充足光照，中午氣溫較高時應向其四周噴水幾次。

6 花前施肥，花色艷麗。花毛茛喜肥，開花前追肥 1～2 次，可使花開得碩大、艷麗。

春季　保持盆土濕潤，陸地苗淋雨後注意排水，春末開花前追肥，保持養分充足。

夏季　注意遮陰、通風，防止曝曬和積水。

秋季　逐漸增加光照，保持盆土濕潤。

冬季　保證溫度不低於 -5℃，盆土微濕即可，停止施肥。

桂花

暖胃、平肝、益腎、散寒

每 1～2 年應在早春時換盆一次，有利於桂花健壯生長。

桂花味道香甜，可食用，如桂花糖、桂花糕、桂花酒、桂花茶。還具有暖胃、平肝、益腎、散寒的功效。對二氧化硫和氟化氫有一定的抵抗能力，能有效吸收氯氣和汞蒸氣。

- 溫度 18～28℃，冬季可耐 -8℃。
- 水分 喜濕潤，稍耐乾旱，忌積水。
- 光照 喜陽光充足，不耐嚴寒，耐半陰。宜擺放在朝東、朝南的陽台或窗台上。
- 花期 9～10 月。
- 土壤 適宜生長於深厚、肥沃和排水良好的微酸性壤土中。
- 繁殖 用播種、扦插、壓條、嫁接法。
- 施肥 生長期每月施肥 1 次。

1 多雨悶濕，易死。多雨不通風季節，容易誘發霉菌，葉片生褐斑病，甚至死亡。應將盆栽移放到乾燥、通風良好的環境中。在發病初期用波爾多液或 50% 多菌靈可濕性粉劑 1000 倍液噴灑。

2 盆土積水，易死。稍耐乾旱，忌積水。故不能澆水過勤，否則容易枯黃爛根，保持盆土濕潤即可。

3 高溫乾燥，葉尖焦枯。夏季溫度過高，盆土容易乾燥，導致植株脫水，當水分供應不足，便會落葉。高溫乾燥，澆水必須澆透，保證水分供應充足，也可適當修剪枝葉，減少水分蒸發。

花友常見問題

如何修剪盆栽桂花？

幼苗上盆後應摘心 2 ～ 3 次，以形成 5 ～ 6 個分枝的株形。秋季花敗後，修剪主幹過高而下部無枝的部位，只留株高 1/4 的地上主幹。翌年對樹冠大而顯得頭重腳輕的盆栽桂花可適當抽枝修剪、壓強扶弱。另外，應適當修剪過於茂密的內膛枝、細弱枝和徒長枝，使植株疏密有致。

4 低溫環境，易落葉。冬季應將盆株放在室內向陽處越冬，保持溫度不低於 3℃和盆土潮潤偏乾，以防落葉，但是溫度過高，超過 15℃又會促使提前抽生葉芽並展枝，影響來年春後生長。

5 氮肥多，不開花。喜歡磷、鉀肥，氮肥施用過多，容易徒長，而且開花少。

春季　保持光照充足，盆土濕潤，不施肥。

夏季　加大水量，氣溫過高時適當遮陰；6 ～ 8 月施肥 3 ～ 4 次。

秋季　開花前 2 週可施乾肥 50 ～ 80 克；開花時追施幾次含磷鉀多的肥液，土壤保持偏乾。

冬季　室溫保持在 3 ～ 5℃，盆土濕潤偏乾即可，不施肥。

紅花酢漿草

清熱解毒

成齡植株應每隔 2 ～ 3 年分株 1 次，以更新植株。

又名“三葉酸草”“酢漿草”。紅花酢漿草的花朵清晨開花，傍晚閉合，其花、葉都很美麗，具有很高的觀賞價值。全草可入藥，有清熱解毒、消腫散疾的功效。

- **溫度** 20 ～ 28℃，低溫 -5℃。
- **水分** 喜濕潤，耐乾旱。
- **光照** 喜陽光充足，耐寒，耐陰，怕酷暑。宜擺放在朝東、朝南的陽台或窗台上。
- **花期** 5 ～ 10 月。
- **土壤** 適宜生長於疏鬆、肥沃和排水良好的沙壤土中。
- **繁殖** 用分株、播種法。
- **施肥** 生長期每半月施肥 1 次。

1 水大，葉枯根爛。喜濕潤，耐乾旱。澆水一次澆透，見乾再澆，防止澆水過勤引起葉枯根爛。澆水過多，可倒出盆中積水，或鬆土透氣，蒸騰多餘水分。

花友常見問題

怎樣繁殖紅花酢漿草？

可用分株法、播種法。分株可在早春換盆時進行，取4～5個根莖分栽在裝好培養土的花盆內，澆一次透水即可當年開花。播種一般在3～4月，溫度保持在20～25℃，7～10天後就能發芽，當年秋季即可開花。

2 高溫乾燥，葉片枯黃。天氣高溫乾燥，葉片易受紅蜘蛛危害，從而造成葉片枯黃。可剪除枯黃葉片，澆水後放陰涼通風處恢復。

3 高溫，枝葉易黃。在7～9月盛暑時期，會進入休眠狀態，出現開花減少、枝葉發黃的現象。此時應注意為盆株遮陽降溫，若處理適當，不僅可避免明顯休眠，還能不斷開花。

4 空氣潮濕，葉片生斑。空氣濕度過大，容易造成枝葉生斑。可用25%多菌靈可濕性粉劑600倍液噴灑防治。

四季養護

春季 保持充足光照，盆土濕潤，生長期半月施肥1次。

夏季 注意遮陰，保持盆土稍乾，經常向葉面噴水，生長期每2月施1次稀薄肥水。

秋末 將盆株搬入室內，保持陽光充足。

冬季 溫度不低於0℃，植株葉色翠綠，葉叢茂密。

5 花瓣沾水，易生焦斑。天氣乾燥時可向植株噴灑水霧增加濕度，但不可噴淋花瓣，以免造成花瓣生焦斑脫落。

6 光照過強，花量少。夏天，盆栽紅花酢漿草宜放在半陰環境，避免高溫強光，其餘時間都保持散射光充足，使生長較快，開花也較多。

三色堇

護膚去痘

三色堇適合露天養植，陽台也可以，但不適合室內養植。

又名“貓臉花”“蝴蝶花”等。早在三國時期的《名醫別錄》中就把三色堇列為重要護膚藥材，而《本草綱目》更是詳細記載了三色堇的神奇去痘功效。

- 溫度　10～20℃。
- 水分　土壤濕潤偏乾，忌大水、過濕。
- 光照　喜陽光充足，耐寒，耐半陰，怕酷暑。宜擺放在朝東、朝南的陽台或窗戶上。
- 花期　4～6月。
- 土壤　適宜生長於疏鬆、肥沃和排水良好的沙壤土中。
- 繁殖　用播種、扦插、分株法。
- 施肥　生長期每半月施肥 1 次。

1 移植不帶土塊，易死。盆栽三色堇，一般在幼苗長出 3 ～ 4 片葉時進行移栽上盆。移植時需多帶土，否則不易成活。移植後，澆透水，移至陰涼處緩苗。

2 高溫多濕，莖葉易腐爛。高溫多濕不僅容易造成莖葉腐爛，還會縮短花期。需要注意遮陰降溫，在花開敗時應及時剪去殘花。

花友常見問題

怎樣使三色堇在不同季節開花？

可在不同時期播種。春季播種，6 ～ 9 月開花；夏季播種，9 ～ 10 月開花；秋季播種，12 月開花；11 月播種，第二年的 2 ～ 3 月開花。經常保持土壤微濕，開花前施 3 次稀薄的複合液肥，孕蕾期加施 2 次 0.2%磷酸二氫鉀溶液。

3 超過 25℃，不易開花。喜涼爽的氣候和陽光充足的環境。高於 20℃時會導致植株生長不良，連續高溫在 25℃以上，則會使花芽消失，植株不會開花。適宜生長溫度為 7 ～ 15℃。

4 低溫多濕，易死。冬季生長緩慢，應保證充足的光照，澆水宜間乾間濕，以濕潤偏乾為好。

四季養護

春季　保持光照充足，10℃左右時可移至室外養護，保持土壤濕潤，肥液充足。

夏季　無需澆水，不施肥。

秋季　保持陽光充足、土壤濕潤。

冬季　保持盆土濕潤偏乾，不施肥。

5 空氣潮濕，易生褐斑。通常是因為通風差、空氣潮濕引起的炭疽病。一般是從老葉開始發病。注意通風透光，降低濕度，清除病殘體並徹底銷毀。每半月噴灑波爾多液防治。

6 養分過剩，易徒長。在三色堇生長旺盛且有徒長跡象時，可適當減少施肥。

兜蘭

贈友禮物

花期需較大空氣濕度，否則葉片易變黃皺縮，影響開花。

又名“拖鞋蘭”“囊蘭”等。株形優美，葉片斑斕，因有一個飽滿的唇瓣，有“袋袋飽滿”的寓意。贈送生意夥伴，祝其財源滾滾；贈送親朋好友，祈祝對方生活富足。

溫度 18～26℃。

水分 喜空氣濕潤、怕乾燥，不耐旱。

光照 喜半陰環境，怕高溫酷熱，不耐寒。宜擺放在朝東、朝南的陽台或窗台上。

花期 9 月至翌年 2 月。

土壤 適宜生長於肥沃、疏鬆和排水良好的沙質壤土中。

繁殖 分株繁殖。

施肥 生長期每半月施肥 1 次。

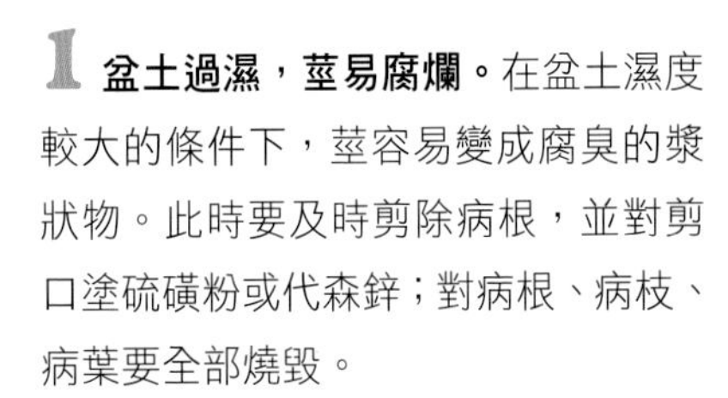

1 盆土過濕，莖易腐爛。在盆土濕度較大的條件下，莖容易變成腐臭的漿狀物。此時要及時剪除病根，並對剪口塗硫磺粉或代森鋅；對病根、病枝、病葉要全部燒毀。

2 夏季缺水，葉易黃。夏季炎熱乾燥，應及時遮陰。經常向植株及周圍地面淋水，以提高環境空氣濕度，必要時每天早晚各淋水 1 次。

花友常見問題

怎麼給兜蘭進行分株？

分株在花後短暫的休眠期進行，長江流域以 4 ～ 5 月最好，可結合換盆進行。將母株從盆內挖出，把蘭苗輕輕分開，以 2 ～ 3 株為一叢的比例將其輕輕分開，盆栽後暫放陰濕的場所，以利根部恢復。

3 陰雨季，易死。梅雨季節容易引起根部腐爛，應遮雨。若淋雨，應及時將積水倒出，鬆土，甚至換盆，最好選用排水良好的沙質土壤作為基質。

4 不通風，葉生斑。病源多為真菌，可噴灑25%亞胺硫磷1000倍液，每隔7～10 天噴 1 次，連噴 3 ～ 4 次。另外保持良好通風。

5 長期低溫，易死。冬季要防止溫度過低，在 10 月中下旬搬入室內放置向陽的窗台，控制澆水，不讓土壤過濕。保持 10℃左右室溫可延長觀賞時間。

6 光照不足，花少或不開花。多喜濕潤半陰環境，可常年放置在散射光環境下。但長期光照不足，亦會影響開花。冬季遮光 50%，其餘三季遮光 60% ～ 70% 即可。

春季　室外氣溫穩定在 15℃以上時可室外養護，但要遮陽 70%，待盆土七成乾時再澆水。

夏季　炎熱乾燥時可向葉面及周圍噴霧增濕。

秋季　10 月下旬入室養護，控制水量。

冬季　保持室溫在 10℃左右，盆土偏乾，不施肥。

百日草

監測污染

百日草生長極快，容易徒長，所以要及時摘心。

又名“百日菊”“步步高”等，其花大色艷，給人以溫馨歡愉、生機勃勃之感。對二氧化硫污染有監測作用。

- **溫度** 18～25℃，低於13℃停止生長。
- **水分** 喜乾燥、耐乾旱。
- **光照** 喜陽光充足，怕炎熱，不耐寒。宜擺放在朝東、朝南的陽台或窗台上。
- **花期** 6～10月。
- **土壤** 適宜生長於疏鬆、肥沃和排水良好的沙質壤土中。
- **繁殖** 播種繁殖。
- **施肥** 生長期每半月施肥1次。

1 小苗曝曬，易死亡。雖喜光照，但剛播種的小苗，較為纖弱，陽光充足即可，不能曝曬。另外，澆水也不宜過勤，盆土濕潤即可。

2 水大，葉枯黃。較耐乾旱，但盆土過濕，容易導致植株細弱，葉片發黃。應暫停澆水，及時鬆土，放在通風處散濕。

花友常見問題

怎麼才能使百日草株形豐滿？

可在長至10厘米左右時摘心，留2～4片真葉，促發側芽，噴灑矮壯素，防止其徒長成"竹竿"。

3 光照不足，易發黃。屬喜光花卉，缺少光照會使植株枯黃。特別是進入生長期，光照要充足，此時根系吸收力增強，進行充足的光合作用，可使枝葉變成濃綠色。

4 高溫多濕，葉易枯。夏季溫度高，濕度大，空氣不流通，易生褐斑病。患病初期，出現黑褐色小斑點，最後整個葉片變褐乾枯，莖上發病縱向發展。可用80% 代森錳鋅 800 倍液噴霧；種植時，植株不可太稠密，保持良好通風。

四季養護

春季　可在 4 月初室外播種，保持土壤精細，施腐熟有機肥。

夏季　高溫天氣時，保持盆土濕潤偏乾，注意遮陰、通風，不施肥，開花後追肥 1 ～ 2 次。

秋季　入秋後追肥，可繼續生長開花。

冬季　室溫低於 13℃，植株停止生長，莖葉開始枯黃。

5 不摘心，植株徒長。通常上盆後株高約 10 厘米時可摘心 2 ～ 3 次，以防徒長，從而使植株多發分枝、多開花。也可用 0.5% 比久噴灑控制徒長。同時，水肥管理要合理。

天竺葵

殺菌消炎

又名“石蠟紅”“繡球花”等。天竺葵具有特殊的香氣，可殺菌。具有清熱消炎、解毒收斂的藥用功效。乾燥葉片做成香枕、香袋，可提神醒腦。

夏季休眠期應將天竺葵放在背陰的陽台上，或庭院中避光而不受雨淋的地方，這樣做還可以縮短休眠時間。

溫度 15～25℃，不低於 5℃
光照 喜陽光，怕強光、高溫，不耐寒
水分 喜濕潤，忌水濕
土壤 適宜生長於肥沃、疏鬆的微酸性沙質壤土中

1 **入戶曝曬，葉易落。**剛買回的盆栽植株，需擺放在陰涼散射光下讓其適應新環境，忌曝曬。

2 **高濕悶熱，葉易生斑。**夏季悶濕不通風，最易生菌。發病時，葉面出現圓形至不規則形水浸狀的黃褐色至暗褐色輪紋斑。移至通風良好環境，控濕，摘除病葉，將其燒毀。可噴灑等量式波爾多液防治。

3 盆土板結，葉枯萎。根據土壤情況，適時換盆。應選擇疏鬆肥沃的沙質土壤，並保持盆土良好的透氣性。

4 光照不足，易徒長。若光照不足，不僅導致葉子徒長，還會影響花芽分化。

5 缺肥，葉枯萎、不開花。生長期可每隔 15 天左右追 1 次腐熟的餅肥水。另外，花芽形成期，每半月追施 1 次磷肥，促進開花。夏季和冬季氣溫低於 10℃時停止施肥。

6 調節光照和溫度，改變開花時間。秋季開花後，及時將盆株搬入有光照的室內，白天保持室溫 10℃以上，夜間不低於 5℃，可使天竺葵開花不斷，直至翌年春天。

花友常見問題

天竺葵為什麼不開花？

有以下幾種原因：①盆花遭受雨淋或澆水過多。盆內積水，已爛根，不開花。②光照不足。天竺葵喜陽光充足，最好每天保證 10 小時的光照時間，否則難以開花。③施肥過量。尤其施用過多氮肥，枝葉徒長，不開花或花量少。④未及時修剪。秋季沒有對母株進行重剪，抑制新花枝的萌發，影響來年開花。

- 擺放在陽光充足、通風良好的環境中
- 不要放在高溫、陰暗環境
- 春秋盆土濕潤，夏季控制澆水
- 生長期每半月施肥 1 次，花芽形成期每半月增施 1 次磷肥

天竺葵如何度夏？

1. 通風、乾燥最重要，要注意疏剪花蕾，及時去除老葉，以減少營養消耗。儘量用小的花盆，盆不要過深。

2. 儘量遮陰，早晚有兩個小時左右直曬陽光即可。陽台族可以直接將盆栽放置在陽光直曬不到的明亮光線處。

3. 通風很重要，高溫時在地面放盆水配合風扇吹，或者買遮陽網當簡易窗簾，能安全度夏。

紅掌

吸收二手煙

冬季如果過冷，可放室內，或用塑料袋包起來，以防凍害。

紅掌外形酷似紅心上托舉着鮮黃的蠟燭，典雅別致，故又名“花燭”。其葉片肥厚，可吸收空氣中的苯、三氯乙烯等有害物質。

- **溫度** 20～30℃，不低於15℃。
- **水分** 喜濕潤，相對濕度在80%以上。
- **光照** 喜半陰環境，不耐寒，忌高溫。宜擺放在朝東、朝南的陽台或窗戶上。
- **花期** 四季。
- **土壤** 適宜生長於疏鬆、肥沃和排水良好的酸性沙質壤土中。
- **繁殖** 用分株、扦插法。
- **施肥** 生長期每半月施肥1次。

1 積水，易死。除夏季要保持盆土濕潤外，10 月到翌年 3 月要適當控制澆水，避免因澆水過勤而造成根部腐爛、死亡。

2 空氣乾燥，葉易黃。喜溫暖、高濕環境，生長期空氣濕度應保持在 80% 以上，否則葉片易枯黃。另外，曝曬也會出現同樣現象，因此要注意遮陰。

花友常見問題

如何選購紅掌？

購買盆花要求株形豐滿、葉片完整、深綠、無病斑、花苞多。購買時要求花莖直立，充分硬化，不彎曲。購買幼苗以 4～5 片葉，根多白色者為宜。

3 花朵沾水，易爛花。夏季天氣乾燥，為了保持空氣濕度，需每天向葉面噴水 2～3 次，並經常向地面灑水。在開花期噴水要特別注意，不能將水噴到花朵上，否則容易爛花。

4 直曬，易死。喜半陰環境，忌強光。夏季需遮陰 70% 以上，否則強光直曬加上夏季高溫，容易造成植株死亡。

5 冬季低溫，易凍死。不耐寒。溫度低於 13℃，植株容易受凍而死。冬季養護應注意保持溫度在 15℃以上，避免放在冷風、低溫環境中。

6 光照不足，不易開花。喜半陰環境，但仍需充分光照。若長期缺乏光照，再加上溫度不足 15℃，則不易形成佛焰苞，影響開花。

春季　保持充足散射光照，盆土濕潤，不可積水。

夏季　保持空氣潮濕，注意遮陰，高溫時停止施肥。

秋季　溫度降低至 15℃時，停止施肥，逐漸減少水分供應，適當增加光照。

冬季　注意保溫防風，溫度低時不施肥。

瓜葉菊

調節心情

又名“富貴菊”“千日蓮”等。花朵簇生密集，花色豐富，而且含有少見的藍色花。可以調節心情、穩定情緒，尤其對孕媽媽的身心健康大有裨益。

花蕾期噴施花朵壯蒂靈，可使花大色艷、花期長。

溫度 7～20℃，不低於 5℃。

水分 喜濕潤，怕雨澇、積水。

光照 喜陽光，不耐高溫，怕強光、霜凍。宜擺放在朝東、朝南的陽台或窗台上。

花期 12 月至翌年 4 月。

土壤 適宜生長於富含有機質及排水良好的沙質壤土中。

繁殖 播種繁殖。

施肥 生長期每半月施 1 次腐熟餅肥水。

1 葉面沾水，易腐爛。喜濕潤環境，環境乾燥時需適當噴水，但需注意避免葉面黏附水滴。可輕輕搖晃花盆，使水滴掉落，或用紙吸乾。

2 強光直曬，葉捲曲。瓜葉菊葉大而薄，忌強光，直曬容易捲葉，凋萎，甚至影響開花。強光天熱時，注意適當遮陰。

3 水大，葉萎蔫。澆水要等土乾了再澆，避免因澆水過勤，盆土過濕導致葉片萎蔫。若發生此情況，暫時停止澆水，疏鬆土壤，以增加多餘水分揮發。

花友常見問題

怎麼播種瓜葉菊？

可在 7 月上旬或中旬播種。播種宜用 3 份細沙、2 份腐葉土加 2 份沙土混合的基質。若播於淺盆中，覆土以不見種子為度。播後用盆浸法灌水，蓋上玻璃，保持盆土濕潤（每天可噴霧 1～2 次），在 20℃左右的條件下，7～10 天可出苗。

4 高溫悶熱，易生病菌。悶熱高濕環境，葉面出現白斑，葉片萎蔫。應保持光照通風，控制水量。發病後摘除病葉，噴灑 50% 的多菌靈 1000 倍液。

四季養護

春季　保持陽光充足，開花後降低溫度，注意遮陰，花期少澆水。

夏季　盆土以濕潤偏乾為佳，注意遮陰、通風，保持環境涼爽。

秋季　保持土壤濕潤、光照充足。

冬季　室溫保持在 10～15℃，盆土偏乾、陽光充足，適當施肥，加強通風。

5 光照不足，花朵褪色。喜陽光充足環境，花期光照不足，容易造成花色暗淡，花序鬆散。應及時補充光照，但忌強光曝曬。

6 常轉花盆，避免長偏。喜光，如果長時間使花盆一邊趨向陽光，容易導致盆株長偏，可時常轉動花盆，使株形飽滿、漂亮。

瑞香

消炎去腫

宋代《清異錄》記載："廬山瑞香花，始緣一比丘，晝寢磐石上，夢中聞花香酷烈，及覺求得之，因名睡香。四方奇之，謂為花中祥瑞，遂名瑞香。"可見瑞香稱得上花中極品。

澆水不能用新放出的自來水，最好用陽光曬過的。

溫度 15～25℃，低溫 5℃。

水分 喜濕潤，怕積水，忌乾旱。

光照 喜溫暖，忌高溫，怕曝曬，不耐寒。宜擺放在朝東、朝南的陽台或窗台上。

花期 2～5月。

土壤 適宜生長於透氣的微酸性沙質壤土中。

繁殖 用扦插、壓條法。

施肥 生長期每半月施肥 1 次。

花友常見問題

如何使瑞香的香氣濃、花期長？

要想使瑞香香氣濃郁，可在花期使植株接受充分光照，但忌強光曝曬；在6～7月份，分次剪去當年新梢，可促使側芽萌發，形成早晚兩批開花，從而達到延長花期的效果；另外，花期保持溫度在5℃，可使花期延長。

1 夏季積水，易死。 忌積水，容易導致植株根系腐爛而死。應及時排出積水，剪掉腐爛根系，待傷口稍乾重新上盆。平時澆水不可勤，澆要澆透，即有水從盆底流出。

2 鹼性土壤，葉易落。 喜疏鬆、肥沃微酸性土壤，鹼性土壤會使其生長不良。可澆灌硫酸亞鐵溶液改變其酸鹼性。

3 空氣高濕，葉易黃。 喜通風良好環境，若多雨季節，空氣高濕容易引起葉片枯黃脫落。可放通風處養護，剪去枯黃枝葉。

4 強光曝曬，葉萎蔫。 忌曝曬，若遇強光曝曬，葉子容易萎蔫，需要強光時適當遮陰，或移至明亮處養護，待光照強度減弱時，再補充光照。

5 施濃肥，葉易黃。 喜淡肥，可施充分腐熟的薄肥，若用肥過濃或用未腐熟的生肥，則會將植株燒傷，而導致葉片萎黃脫落。

6 低於5℃，易受凍。 不耐寒，盆栽入冬前需搬入室內，放在陽光充足的地方，保持盆土偏乾，室溫保持在5℃以上可安全越冬。

春季　待溫度穩定在15℃以上時將盆株移至室外，保證盆土濕潤，花敗後追施液肥。

夏季　盆土"寧乾勿濕"，注意遮陰，保持通風流暢，不施肥。

秋季　可逐漸增加光照，孕蕾期忌大水。

冬季　保持溫度在5℃以上，以盆土偏乾為宜，不施肥。

金魚草

淨化空氣

易自然雜交，為做到品種純正，留種母株需隔離採種。

又名“龍頭花”“洋彩雀”等，能有效吸收空氣中氟化氫、二氧化碳等氣體，並能釋放氧氣，是活氧增濕、淨化空氣的理想植物。

溫度 7～16℃。

水分 喜濕潤，怕乾旱，忌積水。

光照 喜陽光，耐半陰，較耐寒，不耐熱。宜擺放在朝東、朝南的陽台或窗戶上。

花期 5～9月。

土壤 適宜生長於疏鬆、肥沃和排水良好的微酸性沙質壤土中。

繁殖 播種繁殖。

施肥 生長期每半月施肥 1 次。

1 盆土積水，葉黃根爛。若盆土積水則易導致葉黃凋落，根系腐爛。可選用疏鬆、排水良好的土壤，控制澆水量，待盆土表面充分乾燥後再澆水。

2 夏季高溫，易枯死。忌炎熱。夏季要特別注意遮陰，可在植株及周圍噴水降溫，儘量保持溫度不要超過20℃。

花友常見問題

怎樣為金魚草修剪整形？

中、高稈品可在株高分別約 8 厘米、15 厘米時各摘心一次，使株矮化，花穗多。如要使植株有粗壯肥大的花序，可只摘心 1 次，但要除掉側芽。隨着植株株形漸大，要及時插竹竿扶持防倒。

3 乾燥缺水，易落葉。喜濕潤。若缺水或遇乾燥天氣，容易因水分不足而導致葉片枯黃凋落。尤其夏季，要保持盆土濕潤。

4 低於 0℃，易受凍。冬季應放置在向陽處的窗台上，室溫保持在 0℃以上，否則易受凍害，也會出現盲花和畸形花。另外要保持盆土潮潤偏乾。

四季養護

春季　保持光照充足，盆土濕潤。

夏季　注意遮陰，遇高溫易枯死；保持盆土濕潤，忌過乾過濕。

秋季　可在 8 ～ 10 月進行播種，保持盆土濕潤，陽光充足。

冬季　0℃以上可安全越冬，保持光照充足，盆土偏乾，不施肥。

5 幼苗期溫度高，不開花。幼苗期必須經 5℃以下的低溫階段才能正常開花。另外，生長期保持溫度在 7 ～ 16℃之間，開花溫度為 15 ～ 16℃，較為適宜。

6 光照不足，花少色差。生長期保持陽光充足，才能促進花芽正常分化，提高開花質量，使得花朵艷麗；忌放背陰處和朝西的陽台或窗台上。

四季秋海棠 空氣質量檢測儀

四季秋海棠定植後要及時摘心，促進多分枝。

又名“洋海棠”“四季海棠”等，可吸收空氣中的有害物質，其揮發物質有抑菌、殺菌的作用。遭遇有毒氣體時，葉片會出現斑點，因此可作為空氣質量監測植物。

- 溫度 18～20℃，低溫 -5℃。
- 水分 喜濕潤，怕乾燥、積水。
- 光照 喜半陰，怕強光，不耐寒，忌高溫。宜擺放在朝東、朝南的陽台或窗台上。
- 花期 12 月至翌年 5 月。
- 土壤 適宜生長於肥沃、疏鬆和排水良好的沙質壤土中。
- 繁殖 用播種、扦插、分株法。
- 施肥 生長期每半月施肥 1 次。

1 入戶直曬，易死。新入戶植株需要一個適應期。可置於半陰或散射光環境中進行緩苗，待植株穩定，再進行常規養護。

2 盆土積水，易死。怕積水，易爛根而死。受害較輕者，可將花盆移至陰涼處養護，暫停澆水，鬆土散濕；嚴重者可將植株上部剪去，促使其基部重新發枝。

花友常見問題

如何用播種法繁殖四季秋海棠？

一般在早春或秋季氣溫不太高時進行。播種前先將盆土殺菌並平整好，將種子均勻撒入，壓平，再將盆浸入水中，由盆底透水將盆土濕潤。在溫度 20℃的條件下，7 ～ 10 天發芽。待出現 2 片真葉時，分苗；出現 4 片真葉時，分別移栽上盆。

3 曝曬，葉易枯。夏季養護需遮陰、降溫。若已曬傷，應立即將花盆移到室內通風陰涼處，受害輕的有可能逐漸恢復正常生長。

4 缺水，葉枯黃。對水量要求較高，既不能積水也不能乾旱，應乾濕相宜。即盆土乾了要及時澆水，直到水從盆底流出。

5 低溫，易凍死。冬季，溫度低於 5℃時，易受凍，需及時提高溫度，可保持在 10℃以上。同時，盆土應濕潤偏乾，不宜過濕。

6 修剪不當，開花受阻。植株需摘心 2 ～ 3 次，使每株保持 4 ～ 7 個分枝。摘心後控制澆水，待發新枝後追肥。春、秋開花後，要修剪徒長枝。花後除留種植株外，及時剪去殘花及連接殘花的一節嫩莖。

春季　初春保持光照充足，盆土濕潤偏乾；春末注意遮陰，盆土濕潤。

夏季　待植株進入半休眠狀態，控制水量，注意通風、遮陰。

秋季　可增加養分，保持陽光充足、盆土濕潤。

冬季　保持盆土偏乾，保持光照充足，以防低溫傷凍。

四季報春

增味寧神

花朵可做果醬、泡菜的增味材料，還可以泡茶飲用，對頭痛、心神不安有一定防治作用。

四季報春怕強光曝曬，中午的強光最好避開。

- 溫度 15～25℃。
- 水分 喜濕潤，忌積水。
- 光照 喜陽光，耐半陰，不耐寒，忌高溫。宜擺放在朝東、朝南的陽台或窗戶上。
- 花期 11月至翌年5月。
- 土壤 適宜生長於疏鬆、肥沃中性或微酸性壤土中。
- 施肥 生長期每10天施肥1次。

1 盆土未殺菌，幼苗易死。播種前將土壤放在太陽下曝曬殺菌；幼苗出土後每隔7～10天噴灑0.2%等量式石硫合劑。栽後澆透水，置於陰涼處培養一段時間後再進入正常管理。

2 空氣濕熱，葉易黃。在高溫多濕環境中，葉片易枯黃，要保持空氣流通，高溫時在植株及周圍灑水降溫。

3 花期溫度高，影響開花。秋季播種，發芽適溫為15～20℃。出苗後及時間苗，經過4～6周，置於7℃以下低溫環境，才能正常開花。

鳳仙花

監測空氣

又名"指甲花"，可做指甲油代替品。對氟化氫敏感，可作為大氣中氟化物的監測指示植物。

花開後剪去花蒂，不使其結籽，可使花開得更加繁盛。

- 溫度　20～30℃，不低於5℃。
- 水分　喜濕潤，忌時乾時濕。
- 光照　喜陽光，耐半陰，不耐寒。宜擺放在朝東、朝南的陽台或窗台上。
- 花期　6~10月。
- 土壤　適宜生長於疏鬆、肥沃的微酸性壤土中。
- 施肥　生長期每10 天施肥1次。

1 時乾時濕，葉易枯。澆水要合理，不可時乾時濕，否則容易使葉子枯黃。

2 高溫多濕，葉易枯萎。可用50%甲基硫菌靈噴灑預防，並保持良好通風，降低空氣溫度和濕度。

3 高溫缺水，易落花。若植株因缺水而出現萎蔫情況，可為植株噴水增濕，移至半陰環境。待恢復後可正常養護。

4 光照不足，不開花。缺少光照容易徒長不開花。應補充散射光照。忌強光曝曬。

第三章

觀葉植物

富貴竹

淨化空氣

在根部斜切，切處要儘量平滑，利於更好吸收水分。

富貴竹可吸收空氣中的甲醛、苯、三氯乙烯等有毒氣體，還可緩解眼睛疲勞，有“花開富貴”“竹報平安”等美好寓意。

- 溫度 25～30℃，低溫 10℃。
- 水分 喜濕潤，怕乾旱。
- 光照 喜半陰環境，不耐寒，忌曝曬。宜擺放在朝北的陽台或窗台上。
- 花期 夏季。
- 土壤 適宜生長於肥沃、排水良好的沙質壤土中。
- 繁殖 扦插繁殖。
- 施肥 生長期每兩月施肥 1 次。

花友常見問題

如何給富貴竹修剪出漂亮的株形？

枝幹彎曲、淩亂脫腳[①]的老株必須通過修剪、截頂來壓低株形，或者設支架綁紮造型，促使其重新萌發新枝，再通過疏剪調整，形成豐滿優美的株形。

1 盆土乾燥，葉易黃。富貴竹喜濕潤，若盆土乾燥導致植株缺水枯黃，影響觀賞。應及時補充水分，保持盆土濕潤。

2 積水，葉易黃。盆土過濕或積水，造成根系呼吸不暢，葉片黃化無光澤。需及時將植株脫盆，置於陰涼處晾乾，再重新上盆。澆水要在盆土乾了再澆，澆到盆土底部有水滲出。

3 光照不足，葉枯黃。富貴竹雖然喜半陰環境，但仍需充足光照進行光合作用，因此不能長時間置於庇蔭環境。應適當補充散射光照。

4 換水不勤，水養易爛根。水養富貴竹對水要求較高。生根前，每 3 ～ 4 天換 1 次水；生根後不需經常換水，若發現水分減少，加水即可。另外，生長期還需加入少量營養液，使其生長旺盛。

四季養護

春季　氣溫不穩，注意保暖防寒，保持充足的散射光，盆土濕潤。

夏季　注意遮陰，避開強光，保持水肥充足。

秋季　天氣轉涼，減少水肥，增加散射光。

冬季　保持室溫在 10℃以上，低於 5℃易出現凍害，保持盆土偏乾並補充適當光照。

5 曝曬，易枯黃。富貴竹怕強光，喜半陰環境。尤其夏季，放置於強光下易灼傷葉片，必須在補充光照的同時注意遮陰。

6 低溫，易凍傷。富貴竹生長適溫 25 ～ 30℃，若低於 10℃，葉片易萎蔫枯黃，低於 5℃莖葉易受凍害。冬天養護，要注意保溫。

① 培養多年的植株，莖幹下部老葉逐漸褪色、脫落，株形難看，稱這種現象為“脫腳”。

變葉木

裝飾空間

生長期保持盆土的濕潤，夏季要經常向葉面噴水。

又名“灑金榕”“彩葉木”等。變葉木葉形千變萬化，葉色五彩繽紛。觀賞價值極高，可做居家、公園、廳堂等眾多場所裝飾植物。其汁液有毒，避免碰觸。

- 溫度 20～30℃，低溫 13℃。
- 水分 喜高溫環境，忌乾旱。
- 光照 喜陽光充足，不耐寒。宜擺放在朝南的陽台或窗台上。
- 花期 9～10 月。
- 土壤 適宜生長於稍帶黏質、排水良好的沙質壤土中。
- 繁殖 用扦插、高空壓條法。
- 施肥 生長期每半月施肥 1 次。

1 積水，易落葉。喜濕潤環境，若盆中長期過濕積水，會發生落葉現象。應及時倒出盆中積水，置於良好通風環境中。同時，選擇排水良好的沙質土壤也很必要。

2 光照不足，老葉易落。喜充足陽光，光照不足會導致下部老葉容易發黃脫落。應剪去枯葉，補充足夠光照；夏季強光，需適當遮陰 30%～50%。

花友常見問題

怎樣扦插變葉木？

在春末至夏季扦插最為適宜。剪長 10～15 厘米的頂端嫩枝，去掉葉片，待剪口乾燥後插入沙土，保持一定溫濕度，約 20 天生根，40 天左右可盆栽。

3 盆土板結，易"脫腳"。盆土若長期不換，會使養分不足，老葉易黃化脫落。需每年換盆 1 次，可用培養土、腐葉土和粗沙的混合土。

4 空氣乾燥，葉易黃。喜濕潤環境，並保持葉片清潔。在乾燥環境中或在炎熱的夏季，要經常向葉面噴水並向其周圍地面灑水，增加空氣濕度。

四季養護

春季 保持盆土濕潤，保證光照充足。

夏季 避免空氣、土壤乾燥，澆水要澆到有水從盆底流出，平時常向植株及周圍噴水增濕；適當遮光，保持 50%～70%的透光率。

冬季 保持室溫在 12℃以上，停止施肥，保持盆土濕潤偏乾。

5 低溫，易凍死。降溫前應及時將其移入室內向陽處培養。輕者可以剪去枯葉，將室溫提高到 12℃以上，慢慢適應恢復。

6 缺肥，葉黃化。喜肥植物。若長期缺肥，會導致葉片黃化脫落。生長期可每半月施 1 次腐熟的稀薄餅肥液或盆花專用複合肥。室溫偏低時應停止施肥。

網紋草

活氧增濕

又名“費道花”“銀網草”等。葉片小巧，上面佈滿白色網紋。其養護簡單，外形可愛，還具有活氧增濕的作用，備受花友喜愛。

生長期澆水寧濕毋乾，但不能盆中積水。

- 溫度 25～30℃，低溫 10℃。
- 水分 喜濕潤，怕乾旱。
- 光照 喜半陰環境，耐陰，不耐寒，忌強光。宜擺放在朝南的陽台或窗台上。
- 土壤 適宜生長於排水好、保水力強的壤土中。
- 繁殖 用扦插、分株法。
- 施肥 生長期每半月施肥 1 次。

花友常見問題

怎麼扦插網紋草？

可在春秋兩季、氣溫 25℃左右時進行扦插。扦插時取 1 ～ 2 年生枝條，莖頂約 4 ～ 6 節為 1 段作為插穗，淺插入培養土中，澆透水，放遮陽處，保持基質濕潤和散射光照，15 ～ 20 天即可生根成活。

1 澆水過勤，易死。 若澆水過勤，又不能及時排出，很容易爛根死亡。應選用排水好的花盆和土壤，出現積水時停止澆水，倒出多餘水分，鬆土使水分蒸發。

2 冬天晚上澆水，易腐爛。 冬季，盆土可稍乾燥，以中午前後澆水為佳，避免夜晚水分滯留在葉片上，產生寒害而腐爛；另外要經常向地面噴水，保持空氣濕度。

3 缺水，植株萎蔫。 喜濕潤。若盆土過於乾燥，極易造成植株萎蔫，甚至枯死。要及時補充水分，澆水以見盆底有水流出為准，但不可積水。

4 低溫，易死。 冬季溫度不可低於 16℃，否則容易落葉，枯死。其最理想的生長溫度為 20℃。冬季可在花盆外罩上透明塑料袋，可防止寒流凍傷。保持盆土潮潤和空氣濕潤，對網紋草的生長很有益。

5 葉片沾肥，容易腐爛。 施肥時，要小心避免肥液接觸葉片，以防葉片腐爛。若不慎沾染，可用細小噴壺將葉片肥液噴淋沖洗。

6 強光直曬，生長慢，網紋淡。 喜半陰環境，應將網紋草置於中等光照的地方，否則會生長緩慢，失去原有的網紋。

初春 注意防低溫，補充散射光照，盆土保持濕潤。

夏季 可向植株周圍噴水保持環境濕潤，注意遮陰。

秋季 天氣轉涼時，及時將植株移入室內護養。

冬季 澆水要在中午前後，保持溫度不低於 16℃。

文竹

殺菌、淨化空氣

又名“雲片竹”“刺天冬”等。可清除空氣中的細菌和病毒，降低傳染性疾病的發生率，還能在夜間吸收二氧化碳、二氧化硫等物質，適合常年在家中和辦公室中種植。

喜較大的空氣濕度，天氣炎熱時，可經常向植株周圍噴水。

1 水大，易死。文竹怕乾旱，但盆土過濕或者積水，也容易引起葉黃脫落，根部腐爛。所以，要做到盆土不乾不澆水，澆水要澆到水從盆底流出為止。

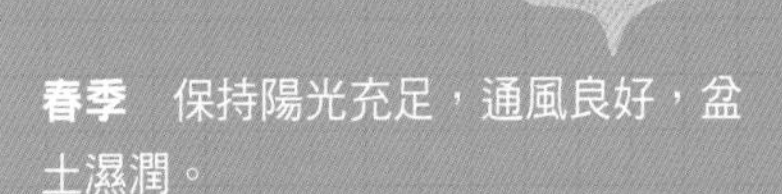

四季養護

春季　保持陽光充足，通風良好，盆土濕潤。

夏季　炎熱時向植株噴水，避免盆土過濕，注意遮陰通風。

秋末　將植株移入室內光照處培養；花期不要向植株噴水，以免落花。

冬季　室溫不得低於5℃，保持盆土濕潤偏乾，停止施肥。

2 **盆土乾燥，葉尖枯黃。**喜濕潤環境，若夏季天氣乾燥，盆土缺水，易導致植株葉尖發黃，葉片凋落。要保持盆土濕潤，空氣乾燥時可向植株及周圍噴水增濕。

3 **高溫，葉易枯。**生長適宜的溫度是15～25℃，當溫度達到32℃時，植株停止生長，葉片枯黃。可移到涼爽、通風環境，必要時為植株噴水降溫。

文竹越長越高怎麼辦？

對於幼株，要控制肥量，生長期，每月施淡肥1次即可。老株少施肥或不施肥，只需換盆時在盆底填裝新鮮土壤、少量基肥即可。文竹生長較快，要隨時疏剪老枝、枯莖，保持低矮姿態。

4 **曝曬，易葉黃。**文竹忌強光曝曬，喜半陰環境。強光季節，應注意遮陰避暑，以防葉片枯黃、曬死。

5 **長期低溫缺光，凍傷。**尤其冬季，若長時間把植株放在低於8℃的陰暗環境，葉片易枯黃掉葉；當溫度低於5℃，易凍傷。可補充散射光，並保證溫度在10℃以上。

6 **施濃肥、生肥，傷根落葉。**文竹喜淡肥，過濃肥液或者生肥容易使根系受傷，要用水沖洗盆土，稀釋肥液，或立即換土挽救。

- 溫度　15～25℃，低溫5℃。
- 水分　喜濕潤，怕乾旱，忌積水。
- 光照　喜溫暖、半陰環境，不耐寒，忌強光。宜擺放在臥室、書房、客廳等處。
- 花期　9～10月。
- 土壤　適宜生長於肥沃、疏鬆、排水良好的腐葉土中。
- 繁殖　用播種、分株法。
- 施肥　春秋每月施1次稀薄液肥。

綠蘿

防電腦輻射

又名“黃金葛”“藤芋”等。綠蘿葉片大而肥厚，可吸收甲醛、二氧化碳等氣體，釋放氧氣，稀釋、淨化空氣中的二手煙，是家喻戶曉的防電腦輻射高手。

綠蘿喜濕潤，應多澆水以保持盆土濕潤，夏季不僅要多澆水，還要經常向葉面上噴水。

- 溫度 20～25℃，低溫 10℃
- 光照 喜散射光，耐陰，忌強光
- 水分 喜濕潤，耐濕，不耐乾旱
- 土壤 適合生長於肥沃、疏鬆和排水良好的沙質壤土

1 早春移室外，易凍傷。當溫度上升到 11～12℃時，若過早地將其搬至室外，而此時氣溫極不穩定，夜間可降到 10℃以下，會使植株凍傷。

2 盆土積水，葉易黃。頻繁澆水容易造成盆土積水，影響根系正常生長，從而導致根系腐爛，葉片枯黃。夏季土壤乾得快，澆水要勤，向葉面多噴水；冬季盆土乾後澆水，4～5 天用溫水噴洗 1 次葉片即可。

花友常見問題

怎麼繁殖綠蘿？

綠蘿在生長季節隨時可以進行扦插。家庭盆養以 5～6 月扦插效果最好。可利用剪下來的蔓梢做插穗，直接扦插在沙床或盆土中。也可將剪下的莖蔓 20～30 厘米插於清水中培養，每 2～3 天換水 1 次，約 3～4 週即可生根。

3 生淘米水，易生蟲、爛根。生淘米水容易造成土壤生蟲，嚴重的會引起根系腐爛。應施用稀釋後的腐熟淘米水。

4 冬季水大，易死。冬季氣溫較低時，盆土不宜過多澆水，保持盆土偏乾為好。在低溫環境，若澆水過多，容易造成爛根死亡。

5 長時間直曬，葉易枯。喜陰涼的環境，若長時間在強光下直曬，容易導致葉子萎蔫凋落。若曬傷，需將綠蘿移放在散射光環境護養恢復，並適當補充水分。

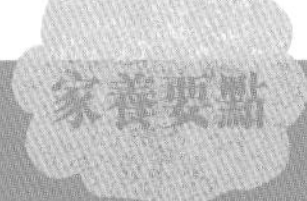

盆土忌積水，冬季以偏乾為宜

忌放在強光下直曬

冬季保持溫度在 10℃以上

生長期每月施稀薄肥液 1 次

水培繁殖

1. 準備水培容器和生長良好的綠蘿枝條，用 75%百菌清可濕性粉劑 800 倍液消毒處理。

2. 將消毒的綠蘿插條放進清水的水培容器中，用透明塑料袋罩起，放半陰環境。

3. 每 2～3 天換 1 次水，約 3～4 週可見生根，除去透明塑料袋。

豆瓣綠

淨化空氣

冬季應保持盆土微乾，以增強植株的抗寒能力。

又名“圓葉椒草”“椒草”等，葉子濃綠肥厚，圓潤可愛。擺放於書桌上或電腦旁，有助於緩解視覺疲勞，吸收電腦輻射又能吸滯煙塵，是很好的“室內除塵器”。

- 溫度 18～27℃，低溫10℃。
- 水分 喜濕潤，不耐乾旱。
- 光照 喜半陰環境，不耐寒，忌高溫、強光。宜擺放在朝北的陽台或窗台上。
- 花期 夏季。
- 土壤 適宜生長於肥沃、疏鬆、排水良好的壤土中。
- 繁殖 用分株、葉插法。
- 施肥 生長期每月施稀薄肥液1次。

花友常見問題

怎麼扦插豆瓣綠？

扦插可在春末初夏選頂端健壯的枝條，截取長 8～10 厘米帶葉的莖段，插於河沙或蛭石中，扦插後保持濕潤，在 20～25℃條件下，約 20 天可生根。

1 入戶直曬，易死。剛買回的植株，需緩苗，應擺放於有紗簾的窗台上，避開強光直曬。緩苗幾天後，再放在陽台上進行正常養護。

2 高溫環境，易死。忌高溫環境，管理不當易使基部葉片出現難看的斑紋，重者變黑、凋落甚至腐爛死亡。夏季可將盆株放置半陰環境蒔養，並保持良好通風環境，及時散熱。

3 盆土過濕，易死。盆土過濕會導致爛根、葉片發黃、脱落。澆水要遵循“寧少勿多”的原則，保持盆土濕潤即可。春、秋季每週澆水 1 次；夏季盆土保持濕潤；冬季每半月可用溫水澆水 1 次。

4 夏季曝曬，易死。喜半陰環境。春季至秋季遮光 40%～50%。夏季炎熱時，可在植株及周圍噴水降溫，加強通風。

四季養護

春季　保持光照充足，盆土濕潤。

夏季　需適當遮陰，忌強光曝曬、盆土積水，應放置於涼爽通風環境中。

秋季　可逐步接受光照，盆土濕潤；秋末天氣轉涼，放溫暖環境養護。

冬季　注意防凍，保持溫度在 10℃以上。

5 濕度大，通風差，葉易黃。葉子肥厚緊密，若處於空氣濕度過大、通風不暢環境中，容易導致葉片生病斑、枯黃。可加強通風，減少噴水、澆水，還可用等量式波爾多液噴灑。

6 低溫環境，易受凍。不耐寒。冬季溫度最好要保持在 12～15℃，否則，葉片易凍傷、腐爛。

吊竹梅

空氣清潔器

施肥不可過量，若氮肥過多，會出現葉色變淡現象。

又名“吊竹蘭”“吊竹草”等，吊竹梅葉子美麗，枝條飄逸，可用於裝點窗台、陽台。吊竹梅不僅可以緩解視覺疲勞，還能吸滯塵埃、活氧增濕，是一台立體的“空氣清潔器”。

溫度 15～25℃，低溫 5℃。

水分 喜濕潤，耐水濕，不耐旱。

光照 喜半陰環境，不耐寒，忌高溫、強光。宜擺放在朝東、朝北的陽台或窗台上。

花期 7～8月。

土壤 適宜生長於疏鬆、肥沃和排水良好的沙質壤土中。

繁殖 扦插繁殖。

施肥 生長每 15～20 天施稀薄肥液 1 次。

1 強光曝曬，葉易焦枯。吊竹梅在生長過程中應放置於充足散射光處護養，不應在夏季強光直曬，否則容易導致葉黃焦枯。夏季要適當遮陰。

2 缺水，葉易枯。不耐乾旱，否則下部老葉容易枯黃。要適時補充水分，澆水要見到盆底有水流出。冬季應保持盆土偏乾，減少澆水量和澆水次數。

花友常見問題

吊竹梅造形不好，怎麼辦？

當新栽小苗的莖長到約 20 厘米時，摘除頂端生長點，促其分枝。栽培時間過久的植株，基部葉片會變黃、脫落，也會影響整體造形，應剪去過長枝葉，促使基部萌發新芽。

3 空氣乾燥，葉尖枯萎。吊竹梅喜濕潤環境。平時要保持較高的空氣濕度，在空氣乾燥時，應及時向莖葉及其周圍環境噴霧增濕。

4 冬季盆土潮濕，易爛根。冬季要減少澆水次數，保持盆土偏乾，否則容易引起爛根，葉黃。

春季　保持光照充足，盆土濕潤，生長期半月施稀薄淡肥一次。

夏季　注意遮陰、通風，保持盆土濕潤，經常向葉面噴霧增濕。

秋季　可逐漸增加光照，減少澆水，盆土濕潤即可。

冬季　要防凍，室溫以 10℃以上為宜，減少水肥。

5 室溫低，易受凍。冬季，當溫度低於 5℃，植株容易受凍。溫度保持在 10℃以上為佳。可放在光照充足的窗台上護養，並減少澆水。

6 長期缺乏光照，枝葉徒長。長時間置於過陰環境，會使植株缺少光照，不能進行充分的光合作用，從而導致莖葉徒長，葉色暗淡，影響觀賞價值。

綠巨人

淨化空氣

綠巨人的白色佛焰苞如同高舉的手掌，故稱白掌，也似乘風破浪的白帆。可清除甲醛和氨氣，每平方米植物葉面積 24 小時可以清除 1.09 毫克的甲醛和 3.53 毫克的氨氣。

不可從芯部直接往下澆水，否則芯部積水易引起腐爛。

- 溫度　0～25℃，低溫 10℃。
- 水分　喜多濕，忌乾旱。
- 光照　喜半陰環境，不耐寒，忌強光。宜擺放在朝北的陽台或窗台上。
- 花期　5～9 月。
- 土壤　適宜生長於富含腐殖質、排水良好的壤土中。
- 繁殖　用分株、播種法。
- 施肥　幼株每半月、成株每月施肥 1 次。

花友常見問題

綠巨人需水量大麼？

根系發達，其吸肥、吸水能力特強，稍一缺水，即會出現萎蔫。如果缺水嚴重造成葉片焦枯，就難以恢復。所以，養護時要特別注意充分供給水分，並保持空氣的濕度。在夏秋高溫季節，還要常向葉面噴霧，降溫保濕。

1 缺水，易萎蔫。成株根系吸水能力較強，稍微缺水，就會出現缺水萎蔫，可向植株噴水，然後用浸盆法給植株補充水分。

2 空氣乾燥，葉易枯萎。喜多濕環境，空氣長期乾燥，葉片易因濕度不夠萎蔫枯黃。要在乾燥天氣向植株及周圍噴水增濕。

3 積水，易死。澆水過勤造成盆土過濕或積水，容易傷根，造成根系腐爛，甚至死亡。若積水，要及時排出水分，置於半陰、通風環境護養。

4 長期庇蔭，影響開花。忌強光曝曬，但長期、過多遮陰容易導致植株缺乏光合作用，影響花芽生長，從而影響開花。

5 缺肥，易腐莖。當植株缺乏營養時，容易出現葉面皺摺扭曲，並且引發莖腐爛。通常幼株生長期應每 15 天施 1 次稀薄液肥，成年植株可每 30 天施 1 次複合肥。

6 冬季低溫，受凍枯黃。綠巨人原產於美洲熱帶地區，耐寒性較差，冬季室溫宜保持在 10℃左右，室溫若低於 8℃，葉色就會受凍泛黃。

春天　保持盆土濕潤偏乾，陽光充足。

夏季　保持盆土濕潤，忌乾燥、積水，注意遮陰。

秋季　逐漸移至散射光照處，氣溫低時停止施肥。

冬季　保持溫度在 10℃左右，盆土濕潤偏乾，停止施肥。

發財樹

吸收二手煙

根系不發達，不宜大盆栽種，為使美觀，可用大盆套小盆。

發財樹四季常青，名字吉祥。它可吸收空氣中的甲醛、氨、氟化氫等有毒氣體，適宜放在吸煙環境。同時，它還可緩解眼睛疲勞，吸收二氧化碳，釋放氧氣。

- 溫度　20～30℃，低溫12℃。
- 水分　喜濕潤，耐乾旱，怕積水。
- 光照　喜陽光，耐半陰，忌強光，不耐寒。宜擺放在陽台或窗台上。
- 花期　9～10月。
- 土壤　適宜生長於腐殖質、排水良好的沙質壤土中。
- 繁殖　用播種、扦插法。
- 施肥　生長期每月施肥1次。

花友常見問題

怎樣水養發財樹？

選 1 棵矮壯的老株或剪 1 小段粗莖，插在水中，4 ～ 5 週長出新根後，轉到玻璃瓶中水養，每 10 天加水 1 次，隔 1 ～ 2 天向葉面噴水。冬季每 20 天加 1 次營養液，其他季節每 2 週加 1 次營養液，並隨時摘除黃葉。

1 曝曬，易死。喜溫暖濕潤，若高溫曝曬，易造成葉片因水分蒸騰過快而萎蔫焦枯。夏天注意遮陰、通風，避開強光直曬。

2 澆水不透，葉易黃。給植株澆水時，必須澆透，保證有水從盆底滲出。如果盆土上濕下乾，易造成葉片由下而上逐漸枯黃。

3 長期庇蔭，易落葉枯死。如果長期庇蔭要立即補充陽光，否則影響正常的光合作用，導致葉綠素降低，從而使葉子變黃脫落。

4 水大，落葉枯死。澆水過勤會造成盆土過濕或積水，引起葉黃脫落，甚至枯死。要暫停澆水，必要時更換盆土。

5 鹼性土壤，葉易黃。鹼性土壤不適合發財樹生長，長期缺乏鐵元素，會導致葉子枯黃。盆栽必須用酸性土壤。

6 低於 5℃，易凍傷。不耐寒，冬季應移至室內向陽處養護，溫度保持在 12℃以上才能安全越冬。同時保持較高空氣濕度，可在午間氣溫較高時噴霧增濕。

四季養護

春季　保持陽光充足，盆土濕潤。

夏季　防止強光直曬，保持盆土濕潤。

秋季　護理同夏季，秋末減少肥水，保持光照充足。

冬季　保持溫度在 12℃以上，陽光充足，乾燥時給葉片噴水增濕。

袖珍椰子

高效空氣淨化器

喜散射光，光照過強，葉色會枯黃；長期蔭蔽，植株會徒長。

養眼的深綠色，很容易讓人聯想到海邊的椰林，故被稱為“袖珍椰子”。能吸收居室中的苯、甲醛等有毒氣體，還可調節室內空氣濕度，較適合放在新裝修的房間。

- **溫度** 15～25℃，低溫 10℃。
- **水分** 喜濕潤，怕乾。
- **光照** 喜半陰環境，忌強光，不耐寒。宜擺放在客廳、書房、臥室裏。
- **花期** 春季。
- **土壤** 適宜生長於肥沃、排水良好的壤土中。
- **繁殖** 用播種、分株法。
- **施肥** 夏季每半月施肥 1 次。

花友常見問題

怎麼播種袖珍椰子？

在成熟果實中取出種子後立即播種。種子要選大粒飽滿的，發芽適宜溫度為20～32℃，播後2～3個月發芽，苗高10～15厘米時可移栽。一般2～3年後生苗可上盆供觀賞。

1 強光直曬，易生黑斑。喜半陰環境，否則容易被強光灼傷，導致葉子枯黃生黑斑。需移至半陰處，在植株表面噴霧，使其恢復。春、夏、秋三季遮光30%～50%。

2 黏質土壤，易爛根。袖珍椰子根系纖細，黏土透氣性差，易造成植株積水爛根。應選用疏鬆、通透性好的基質，盆土常用培養土、腐葉土和粗沙的混合土。

3 長期庇蔭，葉色暗淡。雖喜半陰，但長期陰蔽也容易導致植株葉色變淡，光澤度減弱。應儘快移放光線明亮處養護，葉片才能恢復濃綠光潤。

4 低溫潮濕，爛根而死。袖珍椰子不耐寒，入冬前將盆株移至室內向陽處，溫度保持在10℃以上，否則容易造成葉片枯黃脫落，根系腐爛，最後全株死亡。

5 冬季空氣乾燥，易枯死。冬季室內乾燥，需及時向室內和葉面噴水，提高空氣濕度，並遠離供暖設備，以防葉片嚴重脫水，導致枯黃死亡。

6 及時修剪，植株繁盛。生長期隨時剪去袖珍椰子下部枯黃枝葉。株叢太密時應適當剪去內部細弱枝，既能保持優美株形，又能促進新葉的萌發生長。

四季養護

春季　保持盆土濕潤，補充光照。

夏季　避免曝曬，及時向葉面噴水增濕，保持空氣流通，肥水充足。

秋季　護理同夏季相同。

冬季　要保持室溫在10℃以上，減少水肥，但可時常向周圍噴水，增加空氣濕度。

冷水花

淨化空氣

被稱“綠色環保花草”，它能淨化烹飪時所散發出的油煙，減少居室內剛裝修過的異味，並對苯、甲醛等有毒氣體能起到一定的消除作用。

入秋後生長逐漸緩慢，應減少澆水量和次數。

溫度 18～28℃，低溫 8℃。

水分 喜濕潤，耐水濕，怕乾旱。

光照 喜溫暖，較耐陰，忌強光，不耐寒。宜擺放在朝北的陽台或窗台上。

花期 7～9月。

土壤 適宜生長於疏鬆、肥沃和排水良好的壤土中。

繁殖 扦插繁殖。

施肥 生長期每 2 個月施肥 1 次。

花友常見問題

怎樣使冷水花株形漂亮？

扦插苗上盆後可摘心 1 次，待新生側枝長至 4 片葉時，再留 2 片葉摘心，如此反復，可形成多分枝半球形株型。栽培多年的老株，枝條下部葉多數脫落，可重剪，促使萌發新枝，或用嫩枝重新扦插繁殖。

1 入戶強光大水，易死。新入戶植株需要時間適應新環境，要避開強光直曬，控制澆水次數和澆水量，放置在散射光照處，盆土濕潤即可。

2 夏季大曬，葉泛黃。夏季養護要注意遮陰，否則葉子會泛黃綠色，葉片變小，白色斑塊不明顯。通常，透光率保持在 30%～ 50%，葉色最好，綠、白分明。

3 缺水，葉子萎蔫。葉尖枯黃，莖葉萎蔫，很可能是由於植株過度缺水所致。可先在葉面噴霧增濕，待葉子恢復後澆透水，再放在陰涼處緩苗。

4 光照不足，葉色暗淡。長期放置在庇蔭環境，易導致葉片顏色暗淡無光。可移植向陽環境，疏剪過長或過多的枝條，使養分集中供給，植株可慢慢恢復生機。

5 冬季水大，落葉爛根。冬季宜保持盆土濕潤偏乾，否則容易造成植株葉片枯黃，根系腐爛。可每半月澆水一次。相反，夏季護養則要保持水分充足。

6 低溫，易落葉。若氣溫長時間低於 8℃左右，葉子會變黃，氣溫下降到 5℃，葉片會很快變黃且凋落。冬季應保持溫度在 8℃以上。

四季養護

春季　保持盆土濕潤，光照充足。

夏季　注意遮陰，保持盆土和環境濕潤，生長期每兩月施肥 1 次。

秋季　同夏季護理相同。

冬季　溫度在 10℃以上，低於 8℃易遭受凍害，減少肥水。

龜背竹

淨化空氣

保持較大的空氣濕度，能使龜背竹葉色鮮嫩。

龜背竹的莖一節一節的，很像竹子；葉子上有不規則羽狀深裂，葉緣至葉脈附近有孔裂。擺放於居室內，頗有熱帶風情。

- 溫度 20～28℃，低溫 7℃。
- 水分 喜濕潤，忌乾燥。
- 光照 喜溫暖、半陰環境，忌強光，不耐寒。宜擺放在客廳、書房、臥室裏。
- 花期 7～9月。
- 土壤 適宜生長於疏鬆、肥沃的微酸性腐葉土中。
- 繁殖 用播種、扦插、分株法。
- 施肥 生長期每半月施肥 1 次。

1 強光曝曬，葉易黃。龜背竹是典型的耐陰植物，春、夏、秋季遮光應在 50% 左右。夏季可放在室內，補充散射光即可。切忌放在光照過強的地方，以免葉片枯黃。

2 冬季盆土濕，葉黃莖爛。冬季，龜背竹需保持溫暖偏乾，盆土乾透再澆水即可，否則容易造成葉片枯黃，莖腐爛。

花友常見問題

龜背竹的氣生根有什麼特殊作用？

氣生根是生長於地面上的一種變態根。龜背竹的氣生根，一是吸收空氣中的水分和養分，利於植株的生長和發育；二是可附着牆壁或樹幹向上生長，俗名電線蘭；三是有繁殖功能。

3 空氣乾燥，葉褐化。空氣乾燥很容易出現葉片褐化的現象。應時常為葉片噴水增濕，保持葉片濃綠。

4 低溫，易死。冬季要保持溫度在 7℃以上，否則易受凍。若已受凍，應剪去受凍的葉片和地上部爛莖，然後將留下的部分用塑料口袋連盆套好放溫暖處恢復，待新芽萌發後再進行正常養護。

春季 保持土壤濕潤，散射光充足。

夏季 放遮陰環境養護，經常給植株噴霧降溫增濕，保持盆土濕潤，忌積水。

秋季 同夏季護養。

冬季 保持溫度在 7℃以上，以免發生凍害。

5 煙熏，葉生褐斑。龜背竹對煙霧比較敏感，若長期受到煙熏，葉片容易出現褐色斑。應及時剪去受害葉片並保持空氣暢通。

6 植株老化，葉易黃。通常，當植株長到 20 ～ 30 厘米時，可進行摘心，以促使分枝生長，但盆栽幾年後，莖節容易下垂，需要修剪整形。

散尾葵

天然增濕器

夏天經常向葉面噴水，可增加空氣濕度，保持葉色翠綠亮麗。

據測定，散尾葵每平方米葉片 24 小時可清除 0.38 毫克甲醛、1.57 毫克氨氣，還可抵抗二氧化硫、氯氣和氟化氫。散尾葵每天可以蒸發 1 升水，被譽為"天然增濕器" 。

- 溫度 15 ～ 25℃，低溫 5℃。
- 水分 喜濕潤，忌積水，空氣濕度 50% 以上。
- 光照 喜陽光，耐陰，忌強光，不耐寒。宜擺放在客廳、書房、臥室。
- 花期 7 ～ 8 月。
- 土壤 適宜生長於富含腐殖質、排水良好的壤土中。
- 繁殖 用播種、分株法。
- 施肥 生長期每半月施肥 1 次。

花友常見問題

養了多年的散尾葵為何突然枯了？

枝葉突然枯黃很有可能是長時間沒有換盆所致。散尾葵應每隔 2 ～ 4 年換盆一次，以春季進行為宜；根據植株大小用直徑 20 ～ 30 厘米的盆，土壤用泥炭土、腐葉土和河沙的混合土。

1 冬季水大，易死。喜濕潤環境，平時保持盆土濕潤即可，但冬季應減少澆水，避免因盆土積水導致葉黃根爛而死。可經常向葉片噴霧增濕。

2 盆土乾燥，落葉。夏季高溫，盆土易乾，長期缺水，葉片易枯黃凋落。應及時剪去黃葉，放半陰通風處，給植株噴霧，待恢復生機後再澆水。

3 盆土偏鹼，葉易黃。喜富含腐殖質的酸性土壤。若盆土呈鹼性，容易造成植株葉片枯黃，應及時更換盆土。

4 澆水不透，葉易萎蔫。植株高大，土壤缺水時，澆水一定要澆到有水從盆底流出，否則上濕下乾，造成根系不能充分吸收水分，導致植株缺水萎蔫枯黃。

5 空氣悶熱，葉生黑斑。若長時間將盆株放在高溫、悶熱的地方，容易造成葉片枯黃生黑斑，要加強通風，對病株可用 50% 克菌丹可濕性粉劑 500 倍液噴灑防治。

6 低溫，易凍死。散尾葵不耐寒，低於 5℃會發生凍害甚至死亡。冬季低溫時最好保持室溫在 10℃以上。秋末降溫時及時將植株搬入室內，同時控制澆水量，乾燥時給葉片噴霧增濕。

春季　氣溫低時以盆土濕潤偏乾為宜，保持散射光照。

夏季　土壤保持濕潤，避免強光直曬，生長期半月施肥一次。

秋季　減少肥水。

冬季　放在 10℃以上環境養護，盆土濕潤偏乾，停止施肥。

銅錢草

鎮痛、清熱、利濕

銅錢草葉片小巧圓潤，邊緣有微微的波浪，酷似銅錢，又像荷葉，因此名“銅錢草”，又名“金錢蓮”“水金錢”等。放在居室，顯得活潑可愛，增添情趣。水養在魚缸中還可淨化水質。

銅錢草花較小，開花後會使葉片變小，可以將冒出的花莖剪掉。

- 溫度 20～28℃，不低於 5℃
- 光照 喜陽光，耐半陰，稍耐旱，不耐寒
- 水分 喜濕潤，耐水濕
- 土壤 適合生長於富含腐殖質且保水性能好的黏質壤土中

1 入戶水培新株，出現爛根。新買的銅錢草，放在水裏養護易出現爛根，可能是由於植株在搬運中受到損傷。可將爛根去掉，換水。銅錢草較好養，不久就會重新恢復生機。

2 盆土乾燥，莖葉枯萎。生長期的銅錢草需要充分澆水，保持盆土濕潤。若盆土長期乾燥，植株莖葉易枯萎。可先向葉面及周圍噴水，置於陰涼處養護，待植株恢復再正常護養。

3 澆水頻繁，葉易黃。銅錢草喜濕潤，很多花友喜歡頻繁澆水，使盆土過濕，導致根系呼吸受阻。此時應暫停澆水，置於通風處，鬆土散濕。在盆土見乾時再澆，澆則澆透。

4 通風差，易黃葉。植株適合生長在通風良好的環境，若長期放在封閉環境，缺乏空氣流通，易導致植株呼吸不暢，出現黃葉現象。應放在散射光充足、通風好的環境護養。

5 低溫，易受凍害。秋末降溫前，應及時將盆株移至室內溫暖環境，若溫度處於 5℃左右，植株容易受到低溫侵害。冬季要保持溫度在 5℃以上，減少澆水。

花友常見問題

如何水培銅錢草？

取一段帶 2 個節以上的根，放到清水裏泡 2 天，有節的地方就會長出小鬚根，有時還會長出小葉。在淺盆中放入少量培養土，把根輕輕放到土面，蓋上薄薄的一層土，再放些小碎石保持水質澄清。澆水沒過小碎石，約 4 天後長出小柱，注意經常補水，以浸入碎石為宜。

- 盆土忌積水，冬季以偏乾為宜
- 忌放在強光下直曬
- 冬季保持溫度在 10℃以上
- 生長期每月施稀薄肥液 1 次

水培繁殖

1. 將銅錢草從花盆中取出，注意避免傷害根系。

2. 將植株上的泥土洗乾淨，放入水培容器中。

3. 生長期每半月向觀葉植物施營養液 1 次，並時常向植株噴水增濕。

一品紅

活血化瘀

短日照植物，不宜室外露養，否則會造成花芽分化不良。

又名“聖誕紅”“聖誕花”等，色澤火紅，映襯得居室溫暖火紅。全株入藥有調經止血、活血化瘀、接骨消腫的功用。一品紅散發的氣味對人不利，忌放在臥室。

- 溫度 20～28℃，低溫 10℃。
- 水分 喜濕潤。
- 光照 喜陽光，忌強光，不耐寒霜。宜擺放在朝東、朝南的陽台或窗台上。
- 花期 12 月至翌年 2 月。
- 土壤 適宜生長於疏鬆、肥沃和排水良好的沙質壤土中。
- 繁殖 扦插繁殖。
- 施肥 生長期每半月施肥 1 次。

花友常見問題

怎樣曲枝盤頭和矮化？

曲枝盤頭在 5 月進行，每盆 3～4 個分枝，隨莖幹的伸長進行曲枝綁紮，直到芽片現色為止。在腋芽生長出 4～5 厘米高時施用生長抑制劑，亦可用 0.5% 植物生長調節劑溶液噴灑葉片。矮化方法如下：截頂，分別在 6 月和 8 月進行打頂摘心。

1 新上盆施肥，易死。新上盆植株，根系不穩，需要緩苗養護，若此時施肥，植株不能吸收肥料，容易被燒死。通常在上盆 1～2 個月後再施肥。

2 盆土乾燥，葉枯黃。一品紅喜濕潤。盆土應保持濕潤，每隔 1～2 天澆 1 次水，至深秋時逐漸減少供水。

3 曝曬，葉萎蔫。喜光照充足，但忌強光直曬。夏季應適當遮陰。並即時為植株表面噴水，移至半陰環境養護。

4 花期水大，莖葉腐爛。花期水大，莖葉易生斑、腐爛。應及時排出盆土積水，剪去腐爛枝葉，放通風處養護，恢復後再正常養護。

5 低溫，易凍死。低於 10℃，基部葉片易變黃脱落。嚴重時，全株枯萎死亡。秋後氣溫下降前將花盆移至比較溫暖的通風處養護，入冬後，室溫保持在 10～15℃。

6 氮肥不足，易落葉。一品紅缺少氮肥，容易引起落葉。所以在摘心後 7～10 天就應開始每半月施肥 1 次。追施以薄肥為宜，忌施濃肥。

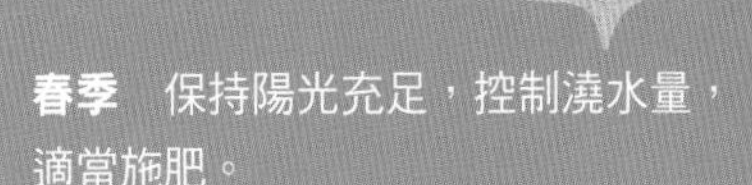

四季養護

春季　保持陽光充足，控制澆水量，適當施肥。

夏季　每天早晚各澆水 1 次，並向其四周噴霧，28℃以上時停止施肥。

秋季　逐漸增加光照。

冬季　保持盆土偏乾，澆水以中午前後為宜，停止施肥。

蘇鐵

除苯高手

鹼性土壤易使葉片變黃，最好澆微酸性水。

蘇鐵擁有漂亮又霸氣的大型羽狀複葉，簇生於莖幹頂部，好似鳳尾一般，故名“鳳尾松”，又名“鐵樹”。它是去除室內苯污染的高手，能吸收香煙、人造纖維中釋放的 80% 的苯。

- 溫度 18～28℃，低溫 8℃。
- 水分 喜濕潤，耐水濕，怕乾旱。
- 光照 喜陽光，耐半陰，耐高溫，忌曝曬。宜擺放在朝東、朝南的陽台或窗台上。
- 花期 7～8 月。
- 土壤 適宜生長於疏鬆、肥沃的沙質壤土中。
- 繁殖 用播種、分株、扦插法。
- 施肥 生長期每半月施肥 1 次。

1 澆水過勤，易死。澆水應以盆土見乾再澆為宜，不可頻繁澆水。出現積水應及時排出，放在通風乾燥處並鬆土散濕。

2 曝曬，葉易黃。蘇鐵對光照適應性較強。但曝曬時間長，葉片易灼傷變黃，需移至半陰環境養護。

3 生長期盆土過乾，葉易黃。生長期保持盆土濕潤，否則易導致葉子枯黃。除雨天外，可每天澆 1 次水。但新葉長出後要減少澆水，以免新葉生長細弱。

花友常見問題

蘇鐵有了介殼蟲怎麼辦？

蘇鐵葉片緊密重疊、通風透光不良、高溫多雨都是造成介殼蟲害的原因。平時應將植株放置在乾燥、通風、向陽的地方養護，定期剪除過密的葉、枯葉、蟲葉和部分老葉，改善植株周圍小氣候環境。

4 冬季潮濕，易死。若盆土長期持續潮濕或積水，容易導致葉片枯黃，根系腐爛而死。冬季減少澆水，盆土保持偏乾。

春季　保持盆土稍濕，陽光充足。

夏季　以盆土濕潤為宜，忌長時間高溫曝曬，生長期半月施肥 1 次。

秋季　隨溫度降低逐漸減少肥水。

冬季　保持溫度在 5℃以上，盆土偏乾為宜。

5 根腐爛，莖枯黃。植株若出現莖幹頂部枯黃、下陷、腐爛，很可能是由於根系腐爛所造成的。出現此情況，可用多菌靈或退菌特、百菌清處理，對腐爛的部分要切除。冬天溫度要保持在 5℃以上。

6 不發新葉，腐根。如發現植株不發新葉或葉片發黃乾枯，要及時檢查根系，若已受損，及時除掉受傷部分，移入室內用素沙土栽植，控制澆水，一段時間後可恢復。

虎耳草

清熱解毒

又名“金絲荷葉”“金線吊芙蓉”等，全草皆可入藥，有清熱涼血、解毒之功效。虎耳草可增加空氣中的負離子含量。

在清晨的陽光下照射 1 ～ 2 個小時，有助於保持葉色鮮艷。

- 溫度 20 ～ 28℃，低溫 6℃。
- 水分 喜濕潤和較高的空氣濕度。
- 光照 喜涼爽環境，不耐高溫，忌曝曬。宜擺放在朝北的陽台或窗台上。
- 花期 5 ～ 8 月。
- 土壤 適宜生長於疏鬆、肥沃沙質壤土中。
- 繁殖 用播種、分株、扦插法。
- 施肥 生長期每 20 天施肥 1 次。

1 盆土乾燥，葉枯黃。虎耳草怕乾旱，尤其生長期，要保持盆土濕潤。澆水以盆土見乾再澆為原則，澆水時要澆到有水從盆底流出為宜。

2 空氣乾燥，葉易黃。夏季天氣炎熱，水分蒸發較快，容易造成植株葉面乾燥缺水，應時常給植株及周圍噴水，保持周圍空氣濕度較高。

花友常見問題

如何扦插繁殖虎耳草？

春末或初夏，剪取帶 3 ～ 4 片葉的莖蔓，有根無根均可，直接插入盛培養土的盆中，澆水直到有水從盆底滲出，適當遮陽，噴水保持較高的空氣濕度，2 ～ 3 週即能見到小苗葉片增大。

3 曝曬，葉萎黃。虎耳草喜半陰環境，若要補充陽光，散射光照即可。夏季強光曝曬，容易造成葉面萎黃。應移至涼爽環境，給葉片噴水增濕。

4 營養不足，葉枯黃。5 ～ 9 月為虎耳草生長旺季，可每隔 20 天澆 1 次腐熟的稀薄餅肥水，避免營養不足造成葉片枯黃。

四季養護

春季　放置於半陰或明亮的散射光下養護，保持盆土濕潤，常向植株周圍噴水增濕，每 20 天施腐熟的稀薄餅肥水 1 次。

夏季　注意遮陰，保持空氣較高濕度，施肥同春季。

秋季　可置散射光處養護，每月施 1 次氮肥。

冬季　保持盆土濕潤偏乾，溫度保持 6℃以上，停止施肥。

5 低溫，受凍枯黃。冬季低溫季節，要保持溫度在 6℃以上，若氣溫低於 5℃，容易使植株受凍。

6 感染真菌，葉生銹斑。虎耳草主要病害是銹病，即由於真菌感染，葉片出現細小鏽黃色斑點，病斑粒狀隆起。可修剪枯病枝，集中燒毀。冬季休眠期可噴灑 3 ～ 5° 石硫合劑預防。

朱蕉

分解有毒氣體

缺水易引起落葉，但水分過多也會引起落葉或葉尖黃化。

又名"紅竹""千年木"等。朱蕉抑制有害物質的本領在觀葉植物中名列前茅，其葉片和根部都能吸收二甲苯、甲苯、三氯乙烯、苯和甲醛，並將其分解為無毒物質。

- **溫度** 18～22℃，低溫 10℃。
- **水分** 喜溫暖，怕積水。
- **光照** 喜陽光，耐半陰，忌曝曬，不耐寒。宜擺放在客廳、臥室，陽台。
- **花期** 11 月至翌年 3 月。
- **土壤** 適宜生長於疏鬆、肥沃的酸性沙壤土中。
- **繁殖** 扦插繁殖。
- **施肥** 生長期每 20 天施肥 1 次。

1 入戶缺光照，易落葉。新入戶植株需要適應新環境，但不可將其置放在過陰環境，以免導致葉片凋落。可放散射光照處養護。

2 曝曬，葉枯黃。朱蕉喜陽光充足，但在炎熱夏季，要避免強光直曬，否則易造成葉片萎蔫枯黃。要適當遮陰，並保持良好通風。

花友常見問題

朱蕉老葉都脫落了，怎麼辦？

朱蕉長期放在室內陳設，會使老株莖幹基部老葉全部脫落。若出現此種情況，必須對主莖幹進行短截去頂，以阻止主莖幹繼續生長，並使側芽萌發生長，使其成為株形正常的植株。

3 缺水，葉易落。澆水要遵循“寧濕勿乾”的原則。朱蕉怕乾旱，若盆土過乾，就會使葉片乾縮脫落，難以挽回。

4 空氣乾燥，葉易乾縮。朱蕉喜濕潤，要經常用清水噴灑葉面及其周圍地面，夏季炎熱乾燥時，每天應噴水 2 ～ 3 次。保持高濕環境，能防止朱蕉葉片乾縮。

5 5℃以下，葉腐爛。朱蕉喜溫暖，抗寒力差。冬季養護，低於 5℃（個別品種耐 0℃低溫）容易受凍，導致葉緣枯黃、腐爛。最好保持溫度在 10℃以上。

6 長期不換盆，葉色差。長期不換盆，葉片顏色變差。可在 6 ～ 7 月換肥沃土壤。待植株恢復生長並長出新葉時，施肥，葉子便會慢慢恢復正常。

四季養護

春季 保持陽光充足，盆土濕潤，周圍空氣濕潤。

夏季 放置半陰環境，保持通風，保持盆土濕潤，增加向四周灑水的次數。

秋季 隨天氣轉涼增加光照，降溫後停止施肥、減少澆水。

冬季 保持盆土濕潤偏乾，不低於 10℃，停止施肥。

一葉蘭

淨化空氣

又名“蜘蛛抱蛋”“苞米蘭”。一葉蘭四季常綠，葉片大，極耐陰，適合家庭室內佈置。能吸收空氣中80%以上的多種有害氣體，如甲醛、苯等，還可吸滯塵埃，是天然的“清道夫”。

不能陽光直曬，否則葉片上會出現不可消退的黃色斑塊。

溫度 15～25℃，低溫10℃。

水分 喜濕潤，不耐乾旱和水濕。

光照 喜半陰。耐陰性強，忌強光直曬。宜擺放在陰面的房間和陽台。

花期 11月至次年3月。

土壤 適宜生長於疏鬆、肥沃和排水良好的壤土中。

繁殖 分株繁殖。

施肥 生長期每半月施肥1次。

1 強光直曬，葉枯黃。一葉蘭忌強光直曬，高溫強光季節要遮陰，可放在散射光處養護。若出現焦枯現象，可給葉面噴水，置於半陰環境，待恢復後再正常養護。

2 高溫多濕，易死。夏季若盆土長期過濕，容易造成根莖腐爛而死。每週澆水 1 次即可，水大要及時排出多餘水分，鬆土散濕，剪去腐葉，放在通風良好處養護。

花友常見問題

怎樣繁殖一葉蘭？

可用分株法繁殖。通常在春季氣溫開始回升，新芽尚未萌發之前，結合換盆進行。用利刀將母株劈開，剪去老根和摘除枯葉，每 5 ～ 6 片葉一叢上盆。要使每叢都帶有幾枚新芽，否則生長幾年都不能滿盆，植株鬆散，影響觀賞效果。

3 空氣乾燥，葉尖焦枯。不耐乾旱，需經常向葉面和地面噴水，避免葉尖焦枯，還能使葉片生長得碧綠肥大，色澤鮮艷亮麗。

4 冬季盆土濕，易死。冬季盆土長期太濕，植株易爛根死亡，需停止施肥，減少澆水。盆土以濕潤偏乾為宜，可每 7 ～ 10 天用微溫的清水噴灑葉面，增濕又美觀。

四季養護

春季　放散射光環境養護，盆土保持濕潤，每半月施肥 1 次。

夏季　保持周圍空氣濕潤，避免陽光直曬，不施肥。

秋季　逐漸增加光照，保持盆土濕潤。

冬季　保持溫度在 5℃以上，0℃以下易受凍，盆土保持濕潤偏乾。

5 光照不足，新葉瘦弱。性喜半陰環境，但在新葉萌發生長期，仍需進行正常的光合作用，才生成葉綠素，使葉子碧綠有光澤。

6 低溫，易受凍害。性喜溫暖，忌寒冷。當溫度在 0℃以下，葉片容易受凍，但根部不會凍死。冬季可保持室溫在 5℃以上為宜。

橡皮樹 活血散瘀、消腫止痛

冬季盆土應保持濕潤偏乾，盆土過乾時易落葉。

又名“膠榕”。樹皮和葉入藥，能活血散瘀、消腫止痛；葉片搗敷患處，治跌打損傷和疥癬。可吸收一氧化碳、二氧化碳、氟化氫、甲醛等氣體，有“綠色吸塵器”的美稱。

- **溫度** 20～25℃，低溫 5℃。
- **水分** 喜濕潤。
- **光照** 喜陽光，耐陰，耐寒，耐濕熱。宜擺放在朝東、朝南的陽台或窗台上。
- **花期** 10～11 月。
- **土壤** 適宜生長於肥沃的中性或偏酸性壤土中。
- **繁殖** 用扦插、壓條法。
- **施肥** 生長期每半月施肥 1 次，增施磷、鉀肥。

花友常見問題

如何防止橡皮樹葉片枯黃？

橡皮樹在生長期要充分澆水，寧濕勿乾。夏季每 2～3 天澆水 1 次，並常向葉面和地面噴霧。入秋後減少澆水。冬季每 10 天澆水 1 次，增加噴霧，盆土以偏乾為好。

1 積水，葉易黃。橡皮樹喜濕潤，水分需充足，但不可頻繁澆水，若水分過多，容易導致葉片枯黃。澆水應見乾再澆，澆則澆透。

2 缺少光照，葉易落。性喜陽光，需有充足光照，從春季至秋季都應放室外向陽處養護，但避免曝曬。

3 悶熱環境，葉易落。夏季炎熱，空氣濕度大，溫度高，若置放在不通風環境，容易導致盆株葉子脫落。應置於通風良好的散射光照處養護。

4 盆土板結，葉黃脫落。土質不夠疏鬆以及缺水，盆土板結，從而影響植株根系的呼吸，甚至葉黃脫落。首先應鬆土，再澆透水，即直到有水從盆底流出。

5 低溫潮濕，落葉爛根。不耐寒。溫度過低，盆土潮濕，會造成葉片變黑脫落和根部腐爛，甚至死亡。冬季需移入室內向陽處養護，保持 10℃以上的室溫。

6 氮肥多，葉片變軟。氮肥施多容易造成莖葉徒長，葉片柔軟。換盆時，可選稍大些的花盆，填充養分豐富的新土，並施足基肥。平時增施磷、鉀肥。

四季養護

春季　保持充足光照，盆土潮潤，空氣乾燥時噴水增濕。

夏季　養護不可積水，注意遮陰。

秋季　隨氣溫降低逐漸減少肥水。

冬季　保持溫度在 5℃以上，以盆土潮潤偏乾為好，氣溫在 10℃左右，盆土應保持濕潤，避免落葉，停止施肥。

巴西木

抗真菌

巴西木喜歡自然通風的環境，但是不能對着空調直吹。

又名“巴西鐵樹”等。頗具西方風情，盡顯居室主人高雅的品位。其莖部所含樹脂有抗真菌作用，民間用於治療跌打損傷。莖幹樹脂有小毒，防止兒童接觸和誤食。

- **溫度** 20～30℃，5℃以下受凍。
- **水分** 喜濕潤，怕水澇。
- **光照** 喜陽光，耐陰，怕強光，不耐寒。宜擺放在朝東、朝南、朝北的陽台或窗台上。
- **花期** 夏季。
- **土壤** 適宜生長於肥沃、濕潤的沙質壤土中。
- **繁殖** 扦插繁殖。
- **施肥** 生長期每半月施肥 1 次。

1 積水，易死。喜濕潤，但盆土過濕或積水，易造成根系腐爛死亡。平時澆水不宜多，要見到盆土較乾時再澆。還可在盆土中拌入些沙土或煤渣，以利於排水通暢。

2 高溫乾燥，葉尖易枯黃。高溫乾燥時，要經常向其葉面和周圍地面噴水，以增加空氣濕度，否則由於空氣濕度不足，發新葉時會引起新葉尖捲枯，影響觀賞。

花友常見問題

剛買回來的巴西木，該怎麼養護？

可暫時放半陰環境，避免強光曝曬，每天向葉面噴水 2 ～ 3 次增濕。半年後可施稀薄複合肥溶液，轉移到明亮光照下。一年後換盆，增加新的肥沃土壤。

3 強光曝曬，葉焦枯。尤其在炎熱乾燥的夏季，如果 6 ～ 10 月要放在室外養護，一定要進行遮陰，否則容易被灼傷，葉片焦枯。

4 低溫，易凍害。忌寒冷。冬季養護溫度保持在 10℃以上，若溫度低於 5℃，則容易出現凍害。溫度低時，可套塑料袋保溫。

四季養護

春季 保持盆土濕潤、陽光充足。

夏季 注意遮陰通風，保持空氣濕度和盆土濕潤，但避免積水，生長期半月施肥 1 次。

秋季 隨溫度降低減少肥水，溫度降至 13℃時停止施肥，保持充足光照和空氣濕度。

冬季 保持溫度在 10℃以上，防止凍害，注意噴水增濕，停止施肥。

5 氮大，葉焦枯。氮肥易導致植株枝葉徒長或燒根，導致葉片焦枯。可適當施腐熟稀薄的肥液水，秋後停止施肥。

6 光照不足，金色條紋消失。金心巴西鐵雖較耐陰，但也不能長期放在室內陰暗處觀賞，否則會因為光照不足而導致葉片上美麗的金色條紋顏色逐漸淡化，失去觀賞價值。

鐵線蕨

清熱祛痰

又名“美人髮”“鐵絲草”等，可吸收甲醛等有害氣體，在低濃度的煙霧、油氣環境下也能生長良好。全草有清熱、祛痰作用，常用來輔助治療慢性支氣管炎。

鐵線蕨在疏鬆透水、肥沃的石灰質土壤中生長尤其好。

- 溫度 16～27℃，低溫 0℃。
- 水分 喜濕潤，空氣濕度 60%～70%。
- 光照 喜半陰環境，忌強光，不耐寒。宜擺放在朝北的陽台或窗台上。
- 土壤 適宜生長於肥沃、濕潤的微酸性壤土中。
- 繁殖 常用分株法。
- 施肥 生長期每月施肥 1 次。

花友常見問題

怎麼繁殖鐵線蕨？

可用分株法繁殖，在春季換盆時進行。將母株從盆中托出，掰開根莖，去除老化根莖，修剪根系直接盆栽，或分離根莖上的小植株進行分栽。上盆後，暫放置陰處養護。

1 缺水，葉焦枯。喜濕潤，怕乾旱，需常年保持盆土濕潤。夏季高溫時可每週澆 3 次水，注意避免積水。冬季平均一週澆水 1 次。

2 強光直曬，易葉黃。雖屬陰性植物，但生長期仍需補充光照，以防缺少光照導致葉片焦枯。應放散射光照處養護，夏季可遮去陽光的 50%～60%，在早晚讓它適當見光。

3 空氣乾燥，葉易黃。空氣濕度應保持在 60%～70%，當空氣濕度在 30%～40% 時，4～5 天就會出現葉片枯萎。應時常向植株及周圍噴水增濕。

4 肥水沾葉，葉易焦邊。施肥時，若不慎將肥液弄到葉面上，容易導致葉片邊緣焦黃。因此，施肥要小心，若肥液沾污了葉面，要及時用清水清洗。

5 葉片現褐斑，易壞死。容易感染病害。染病初期，葉子變黃，進而整個葉脈都會生褐斑，可用波爾多液防治。嚴重時用 70% 的甲基托布津 1000～1500 倍液防治。

6 低溫受凍，葉枯。不耐寒，當溫度低於 0℃，鐵線蕨葉片枯萎。所以，冬季需放在明亮散射光處養護，室溫保持在 10℃以上，並減少澆水，使盆土潮潤偏乾。

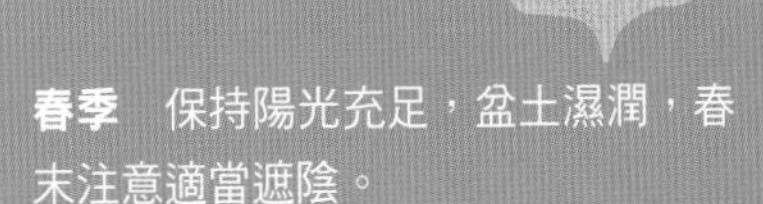

四季養護

春季　保持陽光充足，盆土濕潤，春末注意適當遮陰。

夏季　需加大澆水量，保持空氣濕潤，生長期每月施肥 1 次。

秋季　保持盆土和空氣濕潤。

冬季　溫度不要低於 10℃，減少水肥。

波士頓腎蕨

甲醛殺手

波斯頓腎蕨非常適合室內養殖，掛在牆壁上非常漂亮。

濃郁的熱帶雨林氣息。每小時能吸收大約20微克的甲醛，還能吸收電腦輻射和打印機釋放的甲苯、二甲苯等氣體，同時具有清熱利濕、消腫解毒的功效。

- **溫度** 16～28℃，低溫7℃。
- **水分** 喜濕潤，怕乾旱。
- **光照** 喜半陰環境，忌強光，不耐寒。宜擺放在朝北的陽台或窗台上。
- **土壤** 適宜生長於富含腐殖質的微酸性壤土中。
- **繁殖** 用分株、孢子。
- **施肥** 生長期每半月施肥1次。

1 澆水過勤，葉易黃。頻繁澆水容易導致植株根系腐爛，葉片枯黃。若根系腐爛，要剪除腐爛根系，重新換土盆栽。

2 枝葉密集，葉易黃。若枝葉繁茂密集，容易造成枝葉枯黃。應及時分株栽培，或者修剪枯黃老葉和多餘枝條疏散植株。

3 空氣乾燥，葉易枯。當空氣乾燥時需多噴水，防止羽狀葉發生捲邊、焦枯現象。可每週澆水 1 次，每半月將花盆浸泡 10 分鐘，並向植株及周圍環境噴水增濕。

花友常見問題

怎樣使波士頓腎蕨富有生氣？

對於長期放置室內養護觀賞的，宜每年春季將盆株放置室外遮陽處養護一段時間，待植株葉片富有光澤時，再搬入室內蒔養和觀賞。另外，波士頓腎蕨生長較快，老葉易枯萎，應注意經常將老葉剪掉，以使植株通風透光順暢。

4 盆土乾燥，葉黃凋落。需較高濕度，否則會因缺水而導致葉尖乾枯、掉葉。但澆水也要見乾見濕，直至水從盆底排水孔流出為止。

四季養護

春季　保持陽光充足，盆土濕潤，生長期半月施肥 1 次。

夏季　避免陽光直曬，注意遮陰，保持盆土濕潤和空氣濕度，半月施肥 1 次。

秋季　隨溫度降低減少肥水，增加散射光照。

冬季　溫度不低於 12℃，保持盆土濕潤和空氣濕度，停止施肥。

5 肥液沾葉，葉易黃。葉片沾到肥液，易被灼傷發黃。施肥時需謹慎，若肥液沾污到葉片，要及時用水沖洗乾淨。

6 低溫，葉枯黃。其生長適溫春、夏季為 16 ～ 24 ℃，秋、冬季為 16℃。冬季入室防寒，若溫度低於 7℃，容易出現葉片受凍枯黃，因此，要保持溫度在 7℃以上為宜。

鳥巢蕨

淨化空氣

夏季高溫時一定要保證通風良好，並經常向植株噴霧。

又名“巢蕨”“山蘇花”等，其孢子葉常年碧綠光亮，能吸收二氧化碳、甲醛，釋放氧氣，還能吸收電腦釋放的二甲苯。屋內或桌上放幾盆鳥巢蕨，彷彿定製了一個微型“氧吧”。

- 溫度　25～30℃，低溫 10℃。
- 水分　喜濕潤，怕乾旱。
- 光照　喜半陰環境，忌強光，不耐寒。宜擺放在朝北的陽台或窗台上。
- 土壤　適宜生長於疏鬆、肥沃的腐葉壤土中。
- 繁殖　用分株、孢子。
- 施肥　生長期每月施肥 1 次。

花友常見問題

剛買回家的鳥巢蕨如何處置好？

新入戶，可擺放在有紗窗的朝南、朝東南的窗台上方或裝飾在明亮居室的花架上。盆土保持濕潤，澆水不宜過多。空氣乾燥時應向葉面噴霧，待長出新的孢子葉後才能施用 1 次薄肥。

1 **土壤貧瘠，葉易焦邊。**土壤貧瘠、養分不足，容易導致葉邊焦黃，可選用疏鬆、肥沃的腐葉壤土，另外，應每隔 1～2 個月施 1 次腐熟的餅肥液。

2 **曝曬，葉易黃。**忌強光曝曬，夏季應為其遮陰 50%。若曝曬後使其葉發黃，應移至半陰環境，在植株及周圍噴水增濕，待植株緩過來再正常養護。

3 **澆水過勤，易死。**喜濕潤，要經常澆水保持盆內基質潮潤，並向葉片及周圍噴霧，保持相對濕度 80% 以上。但土壤長期過濕，易爛根，若爛根應及時剪除，重新上盆。

4 **缺乏光照，葉易黃。**喜半陰環境，但仍需補充陽光進行光合作用。除炎夏外，應放在朝南的窗台或封閉式陽台附近，以便接受溫暖的陽光，可防止葉邊產生焦邊。

四季養護

春季　保持盆土濕潤，陽光充足。

夏季　保持盆土濕潤和空氣濕度，注意遮陰通風，放散射光照處養護，每月施肥 1 次。

秋季　護養同夏季，秋末及時入戶蒔養。

冬季　減少肥水，保持盆土濕潤，溫度保持在 10℃左右，防止凍害。

5 **低溫，葉邊焦黃。**在冬季移入室內保暖時，若溫度低於 8℃，易使植株葉片受到凍害而枯黃。冬季室溫應保持在 10℃左右。

6 **保持空氣濕度，葉鮮綠。**夏季高溫多濕條件下，新葉生長旺盛，需在葉面多噴水，保持較高空氣濕度，可以增加葉片的光澤，還對孢子葉的萌發十分有利。

鵝掌柴

可吸收尼古丁

鵝掌柴葉片翠綠光亮，斑葉品種尤其迷人，具有很強的觀賞價值。它的葉子可吸收尼古丁和其他有害物質，並通過光合作用將之轉換為無害的自身物質。

在明亮散射光照下，斑葉品種的葉片色彩更鮮豔。

- 溫度 20～30℃，低溫 13℃。
- 水分 喜濕潤，怕積水。
- 光照 喜陽光，耐半陰，忌強光，不耐寒。宜擺放在朝東、朝南的陽台或窗台上。
- 花期 7～8月。
- 土壤 適宜生長於深厚、肥沃的沙性壤土中。
- 繁殖 用播種、扦插法。
- 施肥 生長期每月施肥 1 次。

花友常見問題

鵝掌柴怎樣繁殖？

常用扦插法。扦插最好在 4～9 月進行。剪取半成熟頂端枝條，長 10～12 厘米，摘去下部葉片，插入河沙或蛭石中，放置在陰濕處，約 30 天可以生根。也可用水插法繁殖。

1 入戶土壤貧瘠，易落葉。新入戶植株落葉的話，若光照、水分均沒有問題，那很可能是土壤貧瘠造成的。可更換成肥沃園土、腐葉土和粗沙的混合土。

2 積水，易死。鵝掌柴怕積水，應及時排水，鬆土散濕，放在通風乾燥處養護。若嚴重時需剪掉腐爛根系重新上盆。

3 強光直曬，葉黃脫落。喜陽光，但怕強光直曬，容易引起葉黃脫落。夏天要注意遮陰，其餘時間放在有明亮散射光且通風良好的室內養護。

4 盆土板結，葉易黃。喜土壤濕潤，若盆土長期乾旱板結，容易導致植株缺水，葉片枯黃。需鬆土後再澆透水，改善盆土濕度，同時還需向植株及周圍噴水增濕。

5 低溫，易死。不耐寒。若室溫長時間低於 8℃，葉片就會逐漸枯黃。溫度降到 0℃左右，葉片受凍脫落，甚至莖枝乾枯而死。

6 氮肥多，葉面斑塊淡。在 5～9 月的生長期，每月施肥 1 次。對斑葉品種，不宜過多施用氮肥。否則在光照不足的情況下，葉片上的斑塊呈現不明顯。

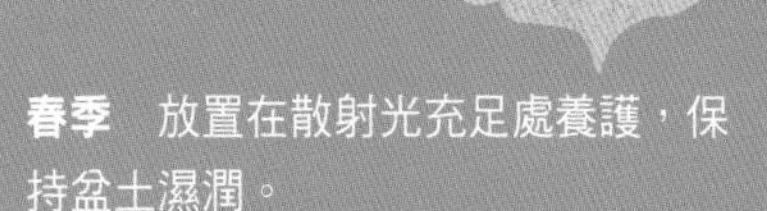

春季　放置在散射光充足處養護，保持盆土濕潤。

夏季　注意遮陰，保持土壤濕潤，每月施肥 1 次。

秋季　養護同夏季。

冬季　注意防凍，保持溫度在 13℃以上，盆土濕潤偏乾，停止施肥。

金錢樹

活氧增濕

金錢樹生長需鉀量較大，可適量施加草木灰作為基肥。

金錢樹的羽狀複葉非常奇特，其渾圓豐滿的葉片像一串串銅錢，故有“金幣樹”的別稱，有着財源滾滾的寓意，是人們寵愛的吉祥植物。它還能淨化空氣，為居室活氧增濕。

溫度 18～30℃，低溫 5℃。

水分 喜乾燥，怕積水。

光照 喜高溫、半陰環境，忌強光，不耐寒。宜擺放在朝東、朝北的陽台或窗台上。

土壤 適宜生長於深厚、肥沃的酸性壤土中。

繁殖 用分株、扦插法。

施肥 生長期每半月施肥 1 次。

1 澆水過勤，易死。金錢樹喜濕潤環境，但若澆水過勤，容易導致根系腐爛，葉面枯黃而死。澆水必須做到"寧乾勿濕"，盆土保持濕潤偏乾為宜。

2 濕度低，葉易黃。喜溫暖潮濕環境。空氣乾燥時，需要向葉片上噴霧或在房間內使用加濕器，以保持較高的空氣濕度。

3 缺少光照，葉易黃。若長期將金錢樹置於半陰環境，會影響植株正常的光合作用，抑制葉綠素的產生，從而造成葉面枯黃。可置於散射光處養護。

花友常見問題

金錢樹如何分株？

分株常在春末至初夏，結合換盆進行，盆栽金錢樹脫盆後，去除大部分宿土，將子塊莖掰下，在創口處塗抹硫磺粉或草木灰，上盆栽種。深度應以塊莖莖端埋在土下 1.5 ～ 2 厘米為准，也可將長有芽眼的大塊莖分切成帶 2 ～ 3 個芽眼的小塊莖，稍晾乾後入盆栽。

4 強光直曬，葉易灼傷。怕強光，通常在春末、秋初時要特別注意避免曝曬，否則容易導致新抽生的嫩葉被灼傷。應遮光 50% ～ 60%，放在散射光下養護。

四季養護

春季　保持盆土濕潤偏乾，陽光充足。

夏季　置於半陰環境養護，半月施肥 1 次，保持空氣濕潤、盆土濕潤偏乾。

秋季　可逐漸增加散射光照，低於 15℃時不施肥。

冬季　保持溫度在 10℃以上，低於 5℃受凍，止肥。

5 低於 5℃，易死。當溫度低於 5℃，易受凍害。冬季溫度要保持在 10℃以上，同時盆土以偏乾為宜，減少澆水。

6 低溫追肥，易死。冬季低溫，施肥容易造成肥害，傷根。當溫度低於 15℃時，應停止追肥。

吊蘭

吸毒能手

吊蘭可吸收空氣中的甲醛、一氧化碳、二氧化碳、尼古丁和苯等有毒氣體。通常，房間養 1 ～ 2 盆吊蘭，1 天內能吸收 1 立方米空氣中 95% 的一氧化碳和 85% 的甲醛，故有“吸毒能手”的美稱，適合放置於剛裝修過的居室中。

可每年早春換盆，換盆時應將多餘肉質根略作修剪後再上盆，然後放在室內半陰處。

溫度　18 ～ 20℃
光照　喜半陰，不耐寒，怕高溫、強光
水分　喜濕潤，不耐乾旱，忌積水
土壤　適合生長於疏鬆、肥沃和保水性較好的壤土

1 高溫曝曬，葉易黃。夏季需放於陰涼通風處養護，避開曝曬和濕熱，並及時剪去枯黃莖葉，其他季節擺放在正常散射光處護養。

2 空氣乾燥，葉易枯。吊蘭喜濕潤環境，避免空氣乾燥。尤其在夏季，要經常向葉面噴灑水霧，並增加空氣濕度。

3 缺肥，葉尖枯黃。吊蘭肥水不足，葉尖易枯黃。通常，生長期每半月施 1 次稀薄液肥。但冬、夏兩季不用施肥。

4 盆土積水，易死。根為肉質根，能儲存很多水分，不用頻繁澆水。待盆土乾後一定要澆透水，但不能積水，否則容易爛根、死亡。此時應暫停澆水，鬆土透氣散濕。

5 冬季中午澆水，防凍傷。冬季需要將吊蘭搬進室內，每週澆 1 次水，澆要澆透，以午間澆水為好。澆水時水溫最好和氣溫相一致，以免根部受刺激。若室溫在 15℃以上，吊蘭仍能生長。

花友常見問題

吊蘭如何水養？

將根沖洗乾淨後放入透明器皿中水養，春、夏兩季每 7～10 天換水 1 次；秋、冬季每半月換水 1 次。莖葉生長期每隔 10 天加一次觀葉植物通用的營養液，冬季每 20 天加 1 次。水養期間隨時摘除黃葉、修剪過長花莖，每 10 天轉動瓶位半周，使株形勻稱。

保持盆土濕潤，但不能積水

夏季注意通風、遮陰

冬季保持溫度在 7℃以上

冬夏兩季不施肥

分株繁殖

1. 春季，將繁密根莖分開，剪掉過長鬚根。

2. 將帶有葉和根的植株栽入盆中。

3. 澆水，直到盆底有水滲出，置入陰涼處。通常 1 週左右可成活。

合果芋

增加空氣濕度

斑葉品種一定有明亮光照，否則斑紋不明顯。

合果芋葉形多變，色彩清雅，可盆栽或懸掛，還能塑柱狀造型，是裝飾居室的極佳選擇。它可以吸收大量甲醛和氨氣，葉片蒸騰還可增加空氣濕度。

- 溫度 15～23℃，低溫 12℃。
- 水分 喜高溫，怕乾旱。
- 光照 喜高溫、半陰環境，忌曝曬，不耐寒。宜擺放在朝南、朝北的陽台或窗台上。
- 花期 7～9 月。
- 土壤 適宜生長於透氣、肥沃的沙壤土中。
- 繁殖 扦插繁殖。
- 施肥 生長期每半月施肥 1 次。

1 澆水過勤，易死。盆土長期過濕容易造成根系腐爛而死。生長旺季可每週澆水 1 次。積水要及時排出，鬆土後放置半陰處養護。

2 曝曬，葉萎蔫。怕強光曝曬，春末至秋初需遮陰 50%，否則容易造成葉片萎蔫枯黃。若曝曬後葉已萎蔫，可向植株噴水後放半陰環境養護，待植株恢復再正常養護。

3 缺乏光照，葉易黃。喜半陰環境，但仍需補充光照，否則會導致植株不能正常進行光合作用，而使葉片枯黃甚至脫落。除強光季節，均可擺放在散射光照處養護。

花友常見問題

如何用合果芋裝飾居室？

合果芋裝飾價值極高，可吊盆懸掛，又可塑柱狀造型，擺放在客廳、陽台、書房、臥室等處，也可做裝飾庭院的牆籬、台階、池邊。此外，它還是瓶景裝飾的新材料。

4 枝葉密集，葉黃脫落。枝葉過於密集，通風不暢，攝入過多水分和營養，容易造成葉片黃化脫落。應及時疏剪枝葉。

四季養護

春季　補充光照，保持盆土濕潤，秋末強光天氣注意遮陰。

夏季　保持肥水充足，放置半陰環境養護，保持通風，忌積水。

秋季　養護同夏季，秋末天氣轉涼，注意防風保溫，減少肥水。

冬季　保持盆土偏乾，溫度宜保持在 12℃以上，低於 5℃會使葉黃凋落。

5 缺水，葉小而糙。生長期，必須保持植株水分供應充足，若盆土過乾，容易導致枝葉缺水，葉片變得粗糙弱小。可在保證肥水充足的同時，剪去多餘枝葉。

6 低溫過濕，易死。在冬季低溫環境下，盆土需要保持濕潤偏乾，過於濕潤容易造成爛根而死，或葉片枯黃脫落。

鴻運當頭

火紅旺家

又名“水塔花”“火焰鳳梨”等。葉色青翠，富有光澤，花色鮮艷，是花、葉兼美的盆栽花卉佳品，可營造出火紅熱烈、熱情好客的氣氛。

其葉杯具有吸水、吸肥功能，可直接將液肥施於葉杯中。

- 溫度 18～24℃，低溫 10℃。
- 水分 喜濕潤，耐乾旱。
- 光照 喜陽光，不耐寒，怕強光，耐半陰。宜擺放在朝東的陽台或窗台上。
- 花期 7～9月。
- 土壤 適宜生長於含腐殖質豐富的微酸性沙質壤土中。
- 繁殖 分株繁殖。
- 施肥 生長期每半月施 1 次稀薄腐熟的液肥。

花友常見問題

如何選購鴻運當頭？

購買盆栽植株要求株形端正，葉片排列有序、無缺損、無病蟲或其他污斑；葉色青翠碧綠，花序直立、粗壯，花苞鮮紅艷麗，沒有枯萎或受凍痕跡；葉片硬直、花苞挺拔。

1 曝曬，葉枯黃脫落。夏季曝曬，會使植株生長緩慢或被迫進入半休眠狀態，導致葉片灼傷、變黃。應為其遮陰 50%，保持通風，並向葉面多噴霧，讓其慢慢恢復。

2 高熱多濕，葉易黃。夏季氣溫一般超過 30℃，空氣又潮濕，宜將盆株放置通風遮陽處養護。

3 葉筒缺水，葉易黃。葉筒有吸收水分的作用，因此葉筒內是否有水會影響植物生長。若葉筒缺水，葉色就會暗淡無光，且會逐漸變黃。

4 冬季低溫，易凍傷。冬季植株進入休眠期，生理活動減弱。室溫需保持在 10℃以上，白天將盆株放置在朝南的窗台，讓其充分接受光照，晚間再將盆搬離窗台。

5 新株生出，老株枯死。開花後，老株逐漸枯死。待新株生出，逐漸長大後，用利刀將其切下，待傷口稍晾乾，插入腐葉土或沙土中，溫度保持在 20 ～ 25℃，罩上塑料薄膜保溫保濕，經 1 個月左右生根。

6 盆土長期過濕，爛根死亡。喜濕潤，但盆土長期過濕會導致根部缺氧，造成葉片枯黃，根部逐漸腐爛而死。此時應及時控水，停止施肥，保證根系恢復正常生長。

四季養護

春季　需充足散射光，保持盆土稍濕潤。

夏季　注意遮陰，高溫天氣噴水降溫；生長旺盛期每 10 天追施鳳梨專用肥 1 次；花前增施 1 ～ 2 次磷肥。

秋季　空氣乾燥時適當向葉面噴水，降溫前及時入室。

冬季　保持盆土偏乾，溫度在 10℃以上，停止施肥。

萬年青

超強淨化力

又名“銀后亮絲草”“銀后粗肋草”等。可去除空氣中的甲醛、尼古丁，還能吸收打印機的輻射，空氣中污染物的濃度越高，其發揮出的淨化能力越強。

最好每年換 1 次土，並且及時補充新培養土以保證生長。

- 溫度 20～30℃，不低於 10℃。
- 水分 喜多濕，怕乾旱。
- 光照 喜陽光，不耐寒，怕強光，耐陰。宜擺放在朝北的陽台或窗台上。
- 花期 4～5月。
- 土壤 適宜生長於疏鬆、肥沃的微酸性壤土中。
- 繁殖 用分株、扦插法。
- 施肥 生長期每半月施 1 次稀薄腐熟液肥。

1 土壤黏重，易死。喜疏鬆土壤，若土壤黏重，容易導致根系呼吸不暢，造成根部腐爛而死。家庭盆栽可用肥沃園土、腐葉土、沙的混合土。每年春季換盆。

2 空氣乾燥，葉易黃。喜濕潤環境，日常養護可向葉面及周圍地面噴水，以增加周圍空氣濕度，避免因空氣乾燥導致葉片枯黃落。

3 高溫濕熱，易枯死。高溫濕熱、通風不良，葉易生病斑，嚴重時可造成葉片枯萎腐爛而死。在生長期間，每半月噴 1 次 50% 多菌靈可濕性粉劑 600 倍液，並注意通風降溫。

花友常見問題

如何扦插萬年青？

扦插以夏季最為適宜。選粗壯嫩莖，剪取長 15 厘米左右的莖，插於河沙或泥炭中，注意遮陽並噴霧保濕，約 20 ～ 25 天就可生根。也可水插，生根率高。

4 陽光直曬，葉易黃。耐陰力較強。除了春、秋季節早晚可見陽光，夏季要避免烈日直曬，否則葉易枯黃，應移至半陰處養護。

5 低於 5℃，易死。怕寒冷。越冬最低溫度不能低於 10℃，否則會遭受凍害。受凍後，一旦落葉就會死亡，故冬季室溫應保持在 10℃以上。

6 冬季多濕，易死。冬季低溫，需減少澆水，否則容易導致根系腐爛而死，以盆土偏乾為宜，還可提高植株抗寒能力。中午前後，可在植株及周圍噴水增濕。

四季養護

春季　待氣溫升高並穩定時再移至戶外養護。

夏季　避免陽光直曬，保持盆土、空氣濕潤，通風良好；生長期以施稀薄液肥為宜。

秋季　養護同夏季。

冬季　保持溫度在 10℃以上，低於 5℃極易受凍，停止施肥。

榕樹

清除有毒氣體

培養土宜偏酸性的河沙、建築用石粉、煤渣等。

又名“細葉榕”“小葉榕”等。株形優美，葉片青翠悅目，因其對二氧化硫、氟化氫和氯氣等有毒氣體有一定的清除作用。

- 溫度 20～30℃，5℃受凍。
- 水分 喜濕潤，空氣濕度 60%～70%。
- 光照 喜陽光，不耐寒，耐陰。宜擺放在朝東、朝南的陽台或窗台上。
- 花期 7～8 月。
- 土壤 適宜生長於疏鬆、肥沃和排水良好的壤土中。
- 繁殖 用扦插、壓條法。
- 施肥 生長期每半月施肥 1 次。

1 生長期過度缺水，葉易落。生長期需保持水分充足，每 2 ～ 3 天澆水 1 次。若盆土乾燥缺水，可在植株及周圍噴水增濕，移至半陰處養護，待植株緩過來，鬆土，澆水。

2 空氣乾燥，葉黃凋落。喜濕潤空氣，空氣濕度可保持在 60% ～ 70%。生長旺盛期可向葉面多噴水，增加空氣濕度，避免葉片枯黃凋落。

花友常見問題

如何用扦插法繁殖榕樹？

扦插可在 4 ～ 5 月進行。剪取腋芽飽滿、粗壯的枝條做插穗，長 15 ～ 20 厘米，保留先端部分葉片，插入沙床，保持較高的空氣濕度，插後 20 ～ 25 天生根，45 天後可盆栽。

3 缺乏光照，葉易落。喜陽光。但長期光照不足，也容易葉片枯黃脫落。另外，盆栽植株不能隨意變動位置，否則光照強弱有變化，也會引起落葉。

4 低於 10℃，葉易落。喜溫暖，冬季應移至陽光充足、溫度 10℃以上的環境養護。若低於 10℃，容易導致植株葉片變黃，造成大量落葉。

四季養護

春季　保持陽光充足，盆土、空氣濕潤。

夏季　每 2 ～ 3 天澆水 1 次，空氣濕潤，補充光照，每月施肥 1 次。

秋季　養護同夏季，秋末氣溫降低，及時移至室內。

冬季　溫度不低於 10℃，每 10 天澆水 1 次，適當噴霧增濕。

5 受冷風吹襲，葉易落。喜溫暖，遇冷風吹襲容易使榕樹受到傷害。尤其在早春和冬季，需特別注意，應做到晚出室、早入室，避免受冷風吹襲。

6 長期不換盆，易爛根而死。盆徑 15 ～ 20 厘米的植株可每年春季換盆，30 厘米的每 2 年換盆 1 次。若根部腐爛，應切去腐根，蘸上生長劑後重新上盆。

彩虹竹芋

增加空氣濕度

因葉背有紫紅色斑塊，遠看像盛開的玫瑰，因此又名“玫瑰竹芋”。其葉片寬闊別致，能吸收室內部分甲醛、二氧化硫等有害氣體，並增加空氣濕度和負氧離子含量。

無主根，盆栽時宜選用盆體較寬的淺盆。

- 溫度 18～24℃，低溫 8℃。
- 水分 喜濕潤，空氣濕度 60%～70%。
- 光照 喜半陰環境，不耐寒，忌曝曬。宜擺放在朝東、朝南的陽台或窗台上。
- 花期 7～8月。
- 土壤 適宜生長於疏鬆、肥沃和排水良好的壤土中。
- 繁殖 分株繁殖。
- 施肥 生長期每半月施肥 1 次。

1 過度缺水，葉易黃。彩虹竹芋喜濕潤環境。夏季生長期，必須保持水分充足。若盆土長期乾燥，可先鬆土，置水盆中，讓水從盆底慢慢滲入，直至盆土濕潤再正常養護。

2 高溫，葉萎蔫枯黃。其生長室溫為18～24℃，當夏季溫度高於32℃，葉片易萎蔫枯黃。可放置於半陰、通風良好環境中，做好噴水增濕降溫處理。

花友常見問題

新入戶彩虹竹芋，應如何養護？

剛買回家的植株，擺放在有紗窗的窗台或明亮的居室內，切忌放在太陽下或者熱風、冷風吹襲的位置。盆土不宜過濕，但空氣濕度要高，待長出新葉後再施薄肥。

3 強光直曬，葉易灼傷。喜低光、半陰環境，夏季生長期應遮光50%～70%，避免葉片被灼傷。若被灼傷，可剪去傷葉，移至半陰環境，並噴水增濕，待植株恢復後再正常養護。

4 秋季乾燥，葉焦枯。秋季天氣乾燥，葉片易生斑、焦枯。可向植株及周圍噴霧增濕，保持空氣濕度在60%～70%。

四季養護

春季　放散射光處養護，保持盆土、空氣濕潤。

夏季　放散射光下養護，避免曝曬，保持空氣濕潤，每半月施肥1次。

秋季　逐漸移光照處養護，經常噴霧增濕。

冬季　保持溫度在8℃以上，盆土濕潤偏乾，停止施肥。

5 冬季多濕，易死。冬季低溫，植株處於半休眠狀態，應少澆水或停止澆水，盆土過濕會導致根莖腐爛死亡。盆土應保持偏乾為宜，空氣乾燥時適當噴水增濕。

6 低於5℃，易生凍害。彩虹竹芋耐寒性差，冬季置室內養護，溫度保持在8℃以上為宜，當溫度低於5℃，植株容易受凍，葉緣出現枯黃、焦斑。

滴水觀音

吸收二氧化碳

不耐庇蔭，否則葉柄變細變長，容易折斷。

在水分充足、濕潤環境中，葉尖及邊緣會向下滴水，其花朵像觀音，故名“滴水觀音”。汁液有毒，避免接觸和誤食。繁茂葉叢呈現出熱帶風光，還可吸收二氧化碳。

- 溫度 20～30℃，低溫 15℃。
- 水分 喜濕潤，空氣濕度 70%～80%。
- 光照 喜半陰環境，不耐寒，忌曝曬。宜擺放在朝東、朝南的陽台或窗台上。
- 花期 7～8 月。
- 土壤 適宜生長於疏鬆、肥沃和排水良好的壤土中。
- 繁殖 分株繁殖。
- 施肥 生長期每半月施肥 1 次。

1 盆土缺水，葉易黃。喜濕潤，土壤乾燥缺水，容易造成植株葉片萎蔫枯黃。在 5 ～ 9 月生長旺盛期，可每 2 天澆水 1 次，同時，向植株表面多噴水增濕。

2 空氣乾燥，葉易黃。喜濕潤，空氣濕度應保持在 70% ～ 80%。若空氣乾燥易導致葉片枯萎黃化，應及時向植株及周圍噴霧增濕。

花友常見問題

滴水觀音為什麼不滴水？

滴水觀音對空氣濕度、土壤濕度要求較高，當空氣不夠濕潤或土壤乾燥時，就不會滴水。可保持充足澆水量，並向植株及周圍噴霧增濕，使空氣濕度保持在 70% ～ 80%。如此，就可滴水了。

3 長時間不換盆，易爛根。長時間不換盆，根部易出現打結、腐爛，導致枝葉枯黃甚至死亡。應及時切除爛根，用草木灰塗抹傷口後重新上盆。

4 長期缺光，葉小枯黃。植株長期放在光照不足的環境中，會影響正常的光合作用，導致葉小黃化。應移放散射光下養護。

5 通風不暢，葉生斑。空氣不流通，造成植株呼吸不暢，葉片易生斑枯黃。可用 50% 托布津可濕性粉劑 1000 倍液噴灑，並置放在通風良好環境中養護。

6 低於 10℃，易受凍。喜高溫，當溫度過低容易引起葉片枯黃現象。冬季溫度低於 15℃時則停止生長，低於 10℃，葉片易受凍枯黃。

春季 需適當光照，盆土濕潤，春末適當遮陰。

夏季 保持盆土、空氣濕潤，並常為植株及周圍噴水增濕，每半月施肥 1 次，注意遮陰。

秋季 逐漸增加光照，保持空氣濕潤，秋末及時移至室內養護。

冬季 保持溫度在 15℃以上，減少肥水。

棕竹

吸收二氧化碳

要經常向葉面噴水，否則葉片易枯黃。

又名“觀音竹”“棕櫚竹”等。棕竹有很強的吸收二氧化碳和製造氧氣的功能，並能增加氧負離子的濃度。適合擺放在客廳、陽台等開闊空間。

溫度 10～24℃，低溫 10℃。
水分 喜濕潤，空氣濕度 50% 以上。
光照 喜半陰環境，不耐寒，耐陰，怕強光。宜擺放在朝東、朝南的陽台或窗台上。
花期 7～8 月。
土壤 適宜生長於腐殖質和排水良好的壤土中。
繁殖 分株繁殖。
施肥 生長期每月施肥 1 次。

1 盆土長期過濕，易死。頻繁澆水，造成盆土積水，易導致植株根系腐爛、葉片枯黃，重者死亡。生長期每週澆水 2 次，冬季休眠期每半月澆水 1 次。

2 土壤黏重，易死。喜排水性良好土壤，若土質黏重，容易導致根系呼吸不暢，腐爛而死。可選用泥炭土、腐葉土和河沙的混合土，盆底可墊煤渣利於排水。

花友常見問題

剛買回家的棕竹，應如何養護？

新入戶植株，可擺放在有紗簾的陽台或明亮居室，避開強光直曬，葉片不能靠近熱風或冷風吹襲的地方。室溫必須保持在 10℃以上。待植株適應新環境，再正常養護。

3 盆土上濕下乾，葉萎蔫枯黃。若澆水不透，造成盆土上濕下乾，根系不能及時得到水分補給，容易造成葉片因缺水萎蔫變黃。澆水要澆到有水從盆底流出為宜，盆土表土乾燥後再次澆水。

4 曝曬，葉焦枯。喜陰，怕強光。若遇強光曝曬，容易導致葉片焦枯。夏季強光季節，需遮光 30%～50%，放置散射光處養護。

四季養護

春季　保持陽光充足，盆土濕潤，春末強光時注意遮陰。

夏季　避免盆土積水，放散射光下養護，保持通風良好、空氣濕潤。

秋季　養護同夏季。

冬季　應注意保暖，保持溫度在 10℃以上，減少澆水次數，多為葉片噴霧增濕，停止施肥。

5 通風不暢，葉易生枯斑。夏季高溫多濕，易發生病害，需保持良好通風。可用 1% 波爾多液噴灑預防，發病初期用 75% 百菌清可濕性粉劑 800 倍液噴灑防治。

6 低於 5℃，葉枯腐爛。冬季養護棕竹，氣溫不得低於 5℃，否則容易遭受凍害，造成葉緣焦枯腐爛。應立即剪去枯葉，放置於 10℃以上環境中養護。

幸福樹

檢測空氣質量

經常用稍溫的清水噴灑植株，能使葉片維持清秀鮮豔。

又名“豆角樹”“菜豆樹”等。不耐空氣污染，尤其懼怕有煙霧的環境，是極佳的空氣質量監測植物。其根、葉、果均可入藥，具有涼血、消腫功用。

- 溫度　20～25℃，低溫 12℃。
- 水分　喜多濕，空氣濕度 60% 以上。
- 光照　喜高溫、陽光，不耐寒，稍耐陰。宜擺放在朝東、朝南的陽台或窗台上。
- 花期　4～5月。
- 土壤　適宜生長於疏鬆、肥沃的沙質壤土中。
- 繁殖　用播種、扦插法。
- 施肥　生長期每月施肥 1 次。

1 缺水，葉萎蔫脫落。幸福樹喜多濕，尤其在生長季節，要保持水分充足，防止因盆土乾裂而引起葉片萎蔫脫落。

2 空氣乾燥，葉易黃。適合生長在空氣濕度為 60% 以上的環境。若空氣乾燥，易引起葉片枯黃脫落。夏季可每 2 天噴水 1 次，每半月浸潤盆土 1 次。

3 煙霧環境，葉黃脫落。幸福樹對空氣質量要求較高，怕煙霧。避免放在吸煙環境，以防葉片枯黃脫落。若出現煙霧，應及時通風。

4 強光曝曬，葉焦枯。陽光曝曬易致葉片灼傷焦枯，夏季需遮光 50%。若出現灼傷，應及時剪去枯葉，移至半陰處並為植株噴霧增濕。

5 通風不暢，葉生斑。通風不暢，易導致植株葉片生斑枯黃，甚至發生病蟲害。發病初期，可用 70% 甲基托布津可濕性粉劑 1000 倍液噴灑，並加強通風。

6 低於 5℃，受凍落葉。性喜溫暖環境，當溫度處於 5℃左右，葉片容易受凍，引起枯黃脫落。冬季應放置在 10℃以上環境中養護。

花友常見問題

如何為幸福樹進行彩石栽培？

將苗株脫盆後將根系洗淨，剪掉斷根；用彩石將容器填 1/3，將根系平置在彩石上；繼續添加彩石至容器的 4/5；用手輕壓根系使其牢靠，再加少許彩石；慢慢加入清水，即完成彩石栽培。栽好後，放在散射光陽台或窗台上，每週澆水 1 次，每月加營養液 1 次。

早春　防風防寒，保持陽光充足，盆土濕潤。

夏季　保持盆土和空氣濕潤，高溫季節不施肥，注意遮陰、通風。

秋季　養護同夏季。

冬季　溫度保持在 10℃以上，每半月澆水 1 次，不施肥。

常春藤

可吸收室內90%的苯

常春藤不僅栽培容易，株形優美，還能有效減少空氣中的有害化學物質，在24小時照明條件下，可使居室內90%的苯消失，是天然的“空氣過濾器”。

室內養護一定要保證通風，還要經常在周圍噴水，以保證較高的空氣濕度。

- 溫度　10～15℃，能耐-15℃低溫
- 光照　喜半陰，極耐陰，怕強光曝曬
- 水分　喜濕潤，經常向其噴水
- 土壤　適合生長於肥沃、疏鬆和排水良好的沙質壤土

1 **突然直曬，易死。**尤其注意長年室內養護的植株，不能突然放置於強光下，會發生日灼病。雖耐陰怕強光，但要求光線充足，若過於蔭蔽，會使花葉品種的斑紋易消失。

2 **土壤長期過濕，易死。**喜濕潤而不耐水濕，但可忍受一定的乾旱，所以澆水切不能過多。室內盆栽要寧乾勿濕，應保持盆土濕潤，如果土壤排水不良，就容易導致根部腐爛，造成植株死亡。

3 悶濕，生蟲生病。喜歡潮濕環境，應經常向葉片及周圍環境噴水，或放置在盛滿水的托盤裏（忌浸盆）以維持一定空氣濕度。還要保證良好通風，否則容易發生葉斑病或紅蜘蛛、介殼蟲危害。發現蟲害應及時噴藥防治。

4 修枝剪葉，促進新葉萌生。莖葉萌發期應多次摘心，促使多分枝，並剪掉淩亂枝條，從而使吊盆中的枝蔓分佈勻稱。平時，應隨時剪除密枝和交叉枝，促進新葉萌生。

5 每年換盆，枝繁葉茂。每年春季換盆，加入新土，剪除雜枝和弱枝。宜選用 15～20 厘米的盆，每盆栽苗 3～4 株。盆栽 3～4 年後長勢明顯減弱，應重新扦插更新。

花友常見問題

安全越冬注意什麼？

盆栽常春藤，入冬前應搬入室內向陽處養護，室溫保持在 5℃以上。要嚴格控制澆水，每隔半月用與室溫相接近的清水噴洗枝葉 1 次。這樣既提高室內的空氣濕度，又能讓葉片乾淨翠綠，提高觀賞效果。

家養要點

室內盆栽應每隔一段時間放在朝北陽台通風

不能放在朝南、朝西陽台陽光直曬

保持空氣濕度，可放置在加濕器旁

每月施稀釋薄肥 1 次

扦插繁殖

1. 選取健壯的枝條，從基部剪下一段，用於扦插使用。

2. 插入插床 5 厘米左右深，使用疏鬆、利水的培養土，保持土壤濕潤。

3. 注意遮陽、通風，一般 20～30 天即可生根。

彩葉草

裝點居室

彩葉草葉色鮮艷豐富，是裝點居室的極佳植物，放在居室內，給人以快樂、欣欣向榮之感。

施肥勿濺到葉片上，施好後需灑 1 次水，以免造成肥害。

溫度 20 ～ 30 ℃，低溫 10℃。

水分 喜濕潤，怕乾旱。

光照 喜陽光充足，不耐陰，不耐寒。宜擺放在朝東、朝南的陽台或窗台上。

花期 7 ～ 9 月。

土壤 適宜生長於富含腐殖質的微酸性沙壤土中。

繁殖 扦插繁殖。

施肥 生長期每半月施肥 1 次。

1 入戶直曬，葉萎蔫。新入戶植株不宜放陽光下直曬。可先放在光線明亮處緩苗，待植株恢復生機，再移至光照充足處。

2 水大，葉萎蔫枯黃。彩葉草忌澆水過勤。需及時排除盆中積水，鬆土散失，促進根系呼吸。盆土應保持濕潤偏乾，乾燥季節可噴水增濕。

3 光照不足，葉色暗淡。除了夏季強光之外，其他季節均應擺放在光照充足處養護，可使其葉片色澤鮮艷豐富，同時，當植株有 6 ～ 8 片葉時，要進行摘心。

鐵十字秋海棠

名貴植物

寓意離愁別緒、溫和，是秋海棠中的名貴品種。綠色葉片呈心形，是觀賞價值極佳的品種。

幼苗期應多次摘心，以促發側枝，使株形飽滿。

- 溫度 14～22℃，低溫10℃。
- 水分 喜濕潤，怕乾旱。
- 光照 喜半陰環境，忌曝曬，不耐寒。宜擺放在朝東、朝南的陽台或窗台上。
- 花期 5～7月。
- 土壤 適宜生長於富含腐殖質的微酸性沙壤土中。
- 繁殖 用分株、扦插法。
- 施肥 生長期每半月施肥1次。

1 強光曝曬，葉易焦黃。夏季需遮光50%～70%。若出現曬傷，可剪掉枯葉，置於陰涼處，為植株表面噴霧增濕，待植株恢復新鮮再正常養護。

2 空氣乾燥，葉易黃。天氣乾燥時，需及時向植株葉片噴水增濕，亦可剪去焦枯葉片，便於植株健康生長。

3 通風差，葉生斑。需移至通風良好環境中養護。發病初期用50%多菌靈可濕性粉劑1000倍液噴灑；也可用1%波爾多液噴灑預防。

西瓜皮椒草

吸收有毒氣體

西瓜皮椒草，有吉祥、健康的寓意，能吸收少量的甲醛、氨氣，還可吸收油煙、灰塵。

- 溫度 15～24℃，低溫13℃。
- 水分 喜濕潤，忌陰濕。
- 光照 喜半陰環境，怕強光，不耐寒。宜擺放在朝東、朝南的陽台或窗台上。
- 花期 夏末。
- 土壤 適宜生長於疏鬆、肥沃的沙質壤土中。
- 繁殖 用分株、扦插法。
- 施肥 生長期每半月施肥1次。

經常用與室溫相近的水向植株噴灑，可使葉色清新。

1 強光直曬，葉萎黃。喜半陰環境，多為植株表面噴霧增濕，待植株恢復後再正常養護。強光季節需遮光40%～50%。

2 通風不暢，葉枯黃。尤其在春末、夏季、初秋季節，要保證植株處於通風環境中，若枝葉密集應疏剪枝葉。出現病株盆栽時用65%代森鋅可濕性粉劑600倍液噴灑防治。

3 低於8℃，易凍死。西瓜皮椒草不耐寒，冬季溫度應在13℃以上。如果出現凍害，若不嚴重，應提高室溫，剪去受凍枝葉，必要時套塑料袋保溫。

圓葉南洋森

帶來好運

又被稱為“福祿桐”，是好運的象徵。葉片小巧，枝條柔軟，惹人喜愛。

盆內不能積水，否則易爛根落葉，甚至整株死亡。

- 溫度 20 ～ 30 ℃，低溫 13℃。
- 水分 喜濕潤，忌積水。
- 光照 喜半陰環境，怕強光，不耐寒。宜擺放在朝東、朝南的陽台或窗台上。
- 花期 夏季。
- 土壤 適宜生長於富含腐殖質的沙質壤土中。
- 繁殖 用扦插、播種法。
- 施肥 生長期每月施肥 1 次。

1 新上盆施肥，易死。新上盆苗株，生長力較弱，施肥易被燒死，一般在上盆後 1 ～ 2 個月後再施薄肥。若受肥害，應澆水稀釋土壤肥料。若盆土過濕，應換土重新上盆。

2 空氣乾燥，葉焦黃。空氣乾燥，易造成葉片缺水焦黃，應及時噴水增濕，保持空氣濕度在 60% 以上，剪去枯葉，置陰涼處養護。

3 盆土上濕下乾，易落葉。若澆水只澆表層，下層土壤乾燥，易造成根系水分供應不足，引起落葉。應澆透水，直至盆底有水流出。

第四章

多肉植物

玉露

美化空間

玉露強光曝曬後拿回室內遮陰，可恢復綠色。

玉露為百合科十二卷屬植物。葉片小巧可愛、玲瓏剔透、嬌嫩無比，惹得人既想觸摸又不敢碰觸，生怕一碰就會傷到它，是備受歡迎的多肉植物之一。

- 溫度 18～22℃，低溫 5℃。
- 水分 喜乾燥，忌水濕，空氣濕潤。
- 休眠期 夏季。
- 光照 喜陽光，不耐寒，怕強光曝曬。宜擺放在朝東、朝南的陽台或窗台上。
- 花期 春季。
- 土壤 適宜生長於含有顆粒土的沙質壤土中。
- 繁殖 用分株、扦插、播種、葉插法。

花友常見問題

如何“悶養”玉露？

“悶養”可使玉露生長旺盛，晶瑩剔透，是養護玉露的關鍵。可在生長季用透明塑料瓶將植株套起來，形成一個空氣濕潤的小環境。需要注意的是，一是塑料瓶空間要稍大；二是夏季高溫季節要拿掉塑料瓶，以免悶死植株。

1 環境過陰，生長不良。植株避免放在庇蔭處，否則容易造成株形鬆散，葉片瘦弱、不透明。應放在陽光充足處養護，忌強光。

2 土壤過濕，爛根。進入夏季應減少澆水，並鬆土散濕，置乾燥通風處養護。清除爛根部分，蘸多菌靈後晾乾重新上盆養護。

3 強光直曬，葉發紅褐色。強光容易導致玉露葉片灼傷，影響美觀。可在5～9月遮陰，避免露天養護。

4 長期缺水，葉乾癟暗淡。玉露若長期處於乾燥環境裏，會導致葉片乾癟，顏色暗淡。可為植株及周圍噴霧增濕，使其慢慢恢復。

春季　保持陽光充足，澆水要盆土乾了再澆，澆則澆透，成株每月施1次腐熟稀薄肥液，弱株不施肥。

夏季　高溫，植株進入休眠期，減少澆水，注意遮陰、通風。

秋季　養護同春季。

冬季　放在5℃以上環境，保持陽光充足。

5 長期不換土，生長差。玉露根系分泌酸性物質易致土壤酸化，導致葉片乾癟。可剪去老化根系，換新培養基質重新上盆，減少澆水，勤噴水，可快速恢復。

6 剪刀剪花葶，影響新葉健康。因為其花朵觀賞價值低，為了避免吸收過多養分，可用手左右搖晃着將花葶拔除，這樣可避免殘花梗留在葉間影響生長。

熊童子

淨化空氣

熊童子喜歡空氣濕度大的環境，可在植株周圍噴霧。

熊童子花如其名，毛茸茸的葉片像極了熊爪子，擺放在室內增添了很多有趣、活潑的氣息，備受年輕多肉愛好者的喜歡。它還可以消除甲醛，防止電腦輻射，起到淨化空氣的作用。

- **溫度** 18～24℃，低溫10℃。
- **水分** 喜乾燥，忌水濕。
- **休眠期** 夏季。
- **光照** 喜陽光，不耐寒，怕強光曝曬。宜擺放在朝東、朝南的陽台或窗台上。
- **花期** 春季。
- **土壤** 適宜生長於中等肥力、且排水性良好的沙質壤土中。
- **繁殖** 扦插繁殖。

花友常見問題

怎麼才能使熊童子長出小紅爪？

要想使熊童子長出紅紅的小爪，可增加光照，同時減少水分供給，葉片邊緣就會出現紅色邊緣，而且要有適宜的足夠溫差。所以小紅爪多出現在春秋季。但要注意避免強光直曬，另外要保持通風，防止高溫悶濕影響植株健康生長。

1 夏季土常濕，爛根落葉。夏季為熊童子的休眠期，水大易爛根落葉。可將爛根部分切除，將傷口蘸多菌靈，晾乾後重新上盆。凋落葉片可利用起來扦插新株。

2 缺光，葉易落。喜陽光充足環境，若缺少光照，易引起落葉。可移至陽光充足環境養護，但夏季要避免放在強光下曝曬。

3 高溫不通風，徒長腐葉。夏季高溫、不通風，植株徒長，株形變差，嚴重者葉片會生斑腐爛。夏季應放在涼爽、通風處養護。

4 葉片沾水，生斑。澆水或噴水時，避免沾到葉片，否則易生斑腐爛。若葉片沾水，需用衛生紙輕輕吸乾，放通風處散濕。

四季養護

春季　保持陽光充足，土壤稍濕潤，保持通風良好。

夏季　進入休眠期，減少澆水，忌雨淋，適當遮陰防曝曬，天氣乾燥時為植株周圍噴水。

秋季　養護同春季。

冬季　放置陽光充足處養護，防止低溫凍害，保持室溫在 10℃以上。

5 低溫水大，易生凍害。性喜溫暖，不耐寒。低溫水大，易生凍害，落葉化水①，嚴重的話很難挽救。應放在陽光充足處養護並保持溫度在 10℃以上為宜。

6 乾濕交替慢，葉瘦不萌。性雖喜乾燥，但是長時間缺水乾燥，乾濕交替慢，會導致葉片乾癟瘦弱，缺少胖嘟嘟的萌態。

① 化水，莖葉組織壞死，葉片變得透亮。

靜夜

美化空間

靜夜喜充足的光照，但光照過強需適度遮陰，以防曬傷。

靜夜為景天科石蓮花屬植株。株形較小，如青色蓮花一般，葉尖泛着點點紅色，像嬌羞的小女子一樣，靜美安好，為嫩綠的植株平添嬌美的姿態。

- 溫度 17～25℃，低溫 2℃。
- 水分 喜濕潤，忌水濕，怕空氣潮濕。
- 休眠期 夏季。
- 光照 喜陽光，耐半陰，怕強光曝曬。宜擺放在朝東、朝南的陽台或窗台上。
- 花期 2～4月。
- 土壤 適宜生長於疏鬆、排水良好的含顆粒的壤土中。
- 繁殖 用扦插、葉插法。

花友常見問題

靜夜為什麼會化水，如何處理？

澆水過多、強光直曬、低溫凍傷等都是使靜夜化水的原因。化水後，莖葉組織壞死，葉片變得透亮。化水後應及時切除化水部分，以免影響其他部位，然後在傷口處塗抹多菌靈晾乾，再重新上盆養護。

1 澆水過勤，易死。土壤長期過濕，應將盆栽置於通風、乾爽處養護，並鬆土散濕。若已爛根，應剪去爛根，為傷口塗抹多菌靈晾乾後，換盆土重新上盆。

2 曝曬，葉易蔫。性喜光照，但忌高溫曝曬。夏季高溫季節應注意遮陰。若曝曬後葉已萎蔫，應及時移至半陰、通風良好處，待傍晚時適當補充水分。

3 空氣潮濕，易腐爛。性喜空氣乾爽。空氣濕度大時，植株易腐爛。應及時剪除腐爛部分，放在通風良好、乾爽的半陰環境中養護。

4 光照不足，株形徒長。靜夜株形矮小，容易群生，但若光照不足，株形就會徒長、鬆散。除強光季節需注意遮陰外，其餘時間都可補充充足光照，可使株形矮壯、緊湊。

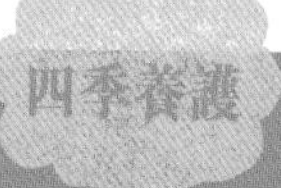

春季　保持光照充足，盆土稍濕潤。

夏季　注意遮陰，避免曝曬、雨淋和盆土積水，置於通風良好處養護。

秋季　養護同春季。

冬季　保持室溫在 2℃左右，當氣溫降至 5℃時及時斷水，切忌低溫多濕。

5 低溫多濕，易生凍害。冬季氣溫低，養護要特別注意防凍。當溫度低於 5℃時，應斷水養護並保持溫度在 2℃以上，可安全越冬。

6 光照充足，葉尖生紅色。在光照充足的春、秋季，靜夜葉尖會生出紅色小點，為植株增添色彩，更顯美麗。

生石花

吸收輻射

又名“石頭玉”“石頭花”等。生石花小巧可愛，花如其名，好似一件精緻的工藝品。它能吸收電磁輻射，可減少電子產品的電磁輻射污染，還能吸收二氧化碳，釋放氧氣。

生石花蛻皮期間嚴禁澆水，否則會蛻皮變慢甚至死亡。

- 溫度 15～25℃，低溫 12℃。
- 水分 喜乾燥，忌水濕。
- 休眠期 夏季。
- 光照 喜陽光，耐半陰，怕高溫、強光。宜擺放在朝東、朝南的陽台或窗台上。
- 花期 8～10月。
- 土壤 適宜生長於含石灰質豐富而又排水良好的沙質壤土中。
- 繁殖 用播種、扦插法。

花友常見問題

怎麼讓生石花快速蛻皮？

做好水、光管理，利於蛻皮。春天是生石花蛻皮時間，蛻皮過程需持續數月。蛻皮前適當澆水，保持盆土微微濕潤，並保證陽光充足，可促進其蛻皮。一般生石花基本在 2 到 3 月間老皮就全部蛻去了。蛻皮期間嚴禁給水。

1 澆水過勤，易死。生石花耐旱力強，積水易導致爛根而死。若根受損，可剪去爛根部分，將植株在遮陰、通風處晾一段時間後重新上盆，置於遮陰 60% 環境下養護。

2 曝曬，易死。忌強光曝曬。輕者應及時移至通風半陰處養護，為葉面噴水增濕緩苗。平時養護應避免陽光曝曬，夏季注意遮陰。

3 高濕環境，球狀葉生斑。可用 65% 代森鋅可濕性粉劑 600 倍液噴灑，加強通風管理。性喜乾燥環境，怕高溫、多濕，因此在夏季，要放在涼爽、乾燥處養護。

4 秋季缺光，徒長不開花。秋季氣溫涼爽，是生石花主要生長期。應放光照充足處養護。

5 低於 7℃澆水，易死。當溫度低於 7℃時，植株進入休眠期，若此時澆水，容易導致根系腐爛而死。應立刻停止澆水，鬆土散濕，放在溫暖、通風良好處養護。

6 冬季低溫缺光，易皺縮。冬季低溫，缺水與光照，影響球狀葉生長，使其皺縮。可放在 12℃以上的光照充足處養護。

四季養護

春季 保持陽光充足，盆土稍濕潤，易於蛻皮。

夏季 休眠期少澆水，澆水遵循“不乾不澆，澆則澆透”的原則，放通風、乾爽處養護，避免曝曬、高濕高熱。

秋季 保持盆土稍濕潤，補充充足光照。

冬季 保持光照充足、溫度在 12℃以上，盆土稍乾燥。

虎尾蘭

有效吸收甲醛

又名“虎皮蘭”“虎尾掌”等。據報道，一盆虎尾蘭可吸收 90 平方尺左右房間內 80% 以上的有害氣體。因此，在 90 平方尺的房間放兩盆虎尾蘭就能有效清除空氣中的甲醛。

無論在室外，還是在室內養護，都不宜長期放在蔭蔽處和強陽光下，否則黃色鑲邊會變窄退色。

溫度 20～30℃，低溫 10℃

光照 喜陽光，耐半陰，不耐寒，忌強光

水分 喜濕潤，怕水濕，耐乾旱

土壤 適宜生長於肥沃、排水良好的沙質壤土中

1 **幼苗水大，易死。**澆水要遵循“寧乾勿濕”的原則。在幼苗階段，澆水多易引起根莖腐爛甚至死亡。應及時剪去腐爛部分，為傷口塗代森鋅消毒，放置陰涼處，表面水分蒸發後重新上盆。

2 **突然移至強光下，葉易黃。**長期放置室內的虎尾蘭突然移至陽光下，易灼傷葉片。應先移放在光線較好處接受散射光，使其逐漸適應。

3 盆土長期過濕，易死。如果澆水過勤，會影響根系呼吸。應及時排除盆內積水，鬆土散濕，放在通風乾燥處養護。若根系腐爛，需剪去腐爛根部，塗抹代森鋅後，換土壤重新上盆。

4 長時間低溫，易死。冬季若長時間放在低於 10℃環境中，根系易腐爛而死。應移至 13℃以上環境中，若只是部分爛根可去掉爛根，為土壤消毒，重新栽種，若情況嚴重，可放棄。

5 光照不足，葉色暗。性喜光照。不宜長時間放置陰暗處，可先移至散射光照處，待植株適應後，再移至光線充足位置。不宜直接從半陰環境移至強光下。

花友常見問題

如何水培虎尾蘭？

將虎尾蘭洗根後放在盛有清水的容器內，水位以基本浸沒根系為宜。水培初期 3 ～ 5 天換 1 次水，新根產生後 10 天左右換 1 次水。冬季宜將其放置在室內陽光充足處，溫度保持在 10℃以上。

擺放在散射光充足的環境中

澆水不能過勤

不可長時間放置在陰暗環境中

生長期每半月施稀薄肥液 1 次

扦插繁殖

1. 從植株基部剪下一片外葉。

2. 將葉片按 5 厘米左右長度分段，葉鞘朝下插入以 5 ：3 ：2 配置的園土、腐葉土和沙土的混合土壤中。

3. 放置在 20℃左右背陰環境，很快就可長出新芽。

姬朧月

吸收輻射

姬朧月不喜大肥，栽種時加入適量有機肥即可。

姬朧月是景天科風車草屬的多肉植物，外形像石蓮花，春秋溫差大、陽光足時可變成紅色，迷人可愛。它既能裝飾居室，又能吸收電磁輻射、甲醛等有害物質。

- 溫度　10～25℃，低溫 5℃。
- 水分　喜乾燥，忌水濕。
- 休眠期　夏季。
- 光照　喜陽光，不耐寒，怕強光曝曬。宜擺放在朝東、朝南的陽台或窗台上。
- 花期　春季。
- 土壤　適宜生長於疏鬆、透氣良好的含顆粒的沙質壤土中。
- 繁殖　扦插繁殖。

1 夏季水大，葉易落。為春秋型種。夏季高溫季節，進入休眠期，應控水，置通風、乾爽環境中養護，並鬆土蒸發水分。

2 潮濕不通風，葉易落。喜乾燥環境。高溫多濕季節，或養護環境不通風，均會導致落葉。可放置在通風、乾爽環境中養護。

3 缺水，葉萎蔫凋落。性雖喜乾燥，但過於乾燥會導致葉片缺乏水分，萎蔫凋落。生長期澆水應遵循"不乾不澆，澆則澆透"的原則。

花友常見問題

怎麼讓姬朧月變紅？

若要使姬朧月葉片變紅，一是要有適宜溫度下的溫差，溫差越大，越容易變紅，多發生在春秋季；二是要有全日照，但是光照又不能太強（以人感受到的陽光強弱為依據），否則會曬傷；三是澆水不能太勤，土乾至70% 就澆水，澆則澆透。

4 曝曬，易曬傷。性喜陽光。夏季休眠期必須注意適當遮陰，否則會曬傷，留下傷斑。

四季養護

春季　生長期保持陽光充足，盆土稍濕潤。

夏季　進入休眠期，置於通風良好、乾爽的散射光處養護，避免雨淋、積水和曝曬。

秋季　養護同春季相同。

冬季　室溫保持在 10℃以上，可使盆土稍乾，低於 0℃斷水養護，防止凍傷。

5 光照不足，枝葉徒長不紅。若光線不足，葉片顏色暗淡、莖徒長。應放在陽光充足處養護，可使葉片紅色漂亮，株型健碩。

6 低溫多濕，易生凍害。當溫度低於 10℃時，應減少澆水量，低於 0℃時應斷水，否則容易爛根，如此可防止凍害。受凍害輕者，可提高生長溫度，重者死亡。

仙人球

抗輻射

又名“花盛球”“長盛球”等。能吸收空氣中的甲醛、乙醚，抗輻射能力較強，尤其適合擺放在電腦旁；在夜晚也能吸收二氧化碳，釋放氧氣。

仙人球耐高溫，但不耐強光，光照過強容易曬傷。

- 溫度 15～30℃，低溫 3℃。
- 水分 喜濕潤，耐乾旱。
- 光照 喜陽光，稍耐陰，不耐寒，忌曝曬。宜擺放在朝東、朝南的陽台或窗台上。
- 花期 5～6 月。
- 土壤 適宜生長於疏鬆、肥沃和排水良好的沙質壤土中。
- 繁殖 用分株、嫁接法。

花友常見問題

如何給仙人球澆水？

仙人球原產於美洲熱帶、亞熱帶沙漠地區，故耐乾旱。新栽仙人球不澆水，每天噴水 2 次，半個月後少量澆水，1 個月長出新根後逐漸增加澆水量。冬季少澆水，只要盆土不太乾燥即可。在生長旺季仍應適當補充澆水，保持盆土稍濕潤，注意水不要澆到球上。

1 澆水過勤，易死。仙人球耐乾旱，澆水過勤易使其爛根萎蔫而死，可切掉爛根，用硫磺粉塗抹傷口後放置陰涼處三四天，再重新栽植。

2 缺少光照，枯黃。喜陽光充足，若長期放在電腦桌旁等缺光環境中，可向植株表面噴灑水霧，並時常移至陽光充足處補充光照。

3 鹼性土壤，生白粉。土壤表面附着白色物質說明土壤鹽鹼較重，可換等量肥沃園土、腐葉土和粗沙的混合土栽植。

4 曝曬，易萎蔫。夏季高溫強光天氣，需適當遮陰，並保持良好通風。若萎蔫，可移至散射光照處，並為植株噴水，進行緩苗。

5 低溫，受凍萎黃。仙人球怕嚴寒，冬季低於 5℃則停止生長，有些品種在 0℃左右會發生凍害，莖部變黃萎縮。冬季養護時一定要將其放於溫暖的室內。

6 溫度不夠，不開花。仙人球需在較溫暖的環境下養護，應保持環境溫度為 20℃以上，並保證光照充足，即可開花。

四季養護

春季　保證光照充足，盆土稍微濕潤，生長季每月施肥 1 次。

夏季　注意遮陰，避免曝曬，忌雨淋積水，注意通風。

秋季　隨溫度降低，增加光照，減少澆水。

冬季　保持溫度在 3℃以上即可，盆土濕潤偏乾為宜，不施肥。

第五章

觀果植物

珊瑚豆

止痛

盆栽要時常摘心，以促進多枝、多花、多果。

又名“冬珊瑚”“假櫻桃”等。植物的漿果呈圓形，入秋果實逐漸由綠變紅，玲瓏可愛，呈現出喜氣洋洋的熱鬧氣氛。

- 溫度 20～25℃，低溫 8℃。
- 水分 喜濕潤，耐乾旱，忌積水。
- 光照 喜陽光，稍半陰，不耐寒，怕霜凍。宜擺放在朝東、朝南的陽台或窗台上。
- 果期 秋季至冬季。
- 土壤 適宜生長於疏鬆、肥沃和排水良好的壤土中。
- 繁殖 播種繁殖。
- 施肥 生長期每半月施肥 1 次。

花友常見問題

用什麼方法繁殖珊瑚豆？

珊瑚豆的繁殖一般採用播種法，可於春季 3～4 月間進行，只要在花盆中撒上種子，就會迅速出苗。小苗出齊後，若過於稠密影響成長，可適當分苗。當小苗長出 2～3 片真葉時，即可分別上盆。

1 高溫濕熱，葉枯易死。夏季高溫濕熱，應徹底清除枯枝落葉，發病後及時剪除患病枝、病芽等，集中銷毀菌源。另外，應注意通風降溫，保持光照良好。

2 水大，葉黃落花。性耐乾旱，怕積水。應及時排除盆土積水，必要時鬆土散濕。盆土應見乾再澆，待掛果時可逐漸增加澆水量，保持盆土濕潤。

3 開花前後缺肥，易落花。在生長期每 10 天施 1 次腐熟餅肥水，開花前後增施 3～4 次磷肥，可保持花繁果盛。

4 缺少光照，易落果。性喜陽光充足，一年四季均需保證光照充足。可移植向陽處充分補充陽光，但夏季避免放在烈日下曝曬。

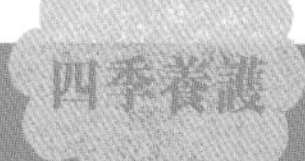

四季養護

春季　保持光照充足，盆土濕潤。

夏季　注意通風，生長期及花期盆土避免積水，開花前後保持養分充足，花期忌濃肥。

秋季　掛果後保持盆土濕潤，保證光照充足，果實成熟後減少澆水。

冬季　保持室溫在 8℃以上，盆土濕潤偏乾為宜，保持光照充足。

5 花期肥濃，落花落果。若肥濃，花期，應減少施肥，以氮肥為宜，待掛果後恢復施肥，以磷、鉀肥為宜。若肥過濃，可增加澆水量，稀釋土壤中的肥料，但忌積水。

6 低於 5℃，落葉落果。珊瑚豆不耐寒，11 月份就應將盆株搬入室內，放置向陽處。可將室溫提高至 8℃，必要時為植株套塑料袋保溫，則果實能保持半年不凋。

朱砂根

有效降低油煙

休眠期適宜修枝，可剪去瘦弱、病蟲、枯死、過密枝條。

又名“富貴籽”“黃金萬兩”等。可吸附空氣中的塵埃和廚房油煙，其果實成熟後為鮮紅色，經久不落，放置於廚房賞心悅目，還可有效降低油煙，讓烹飪過程變得更加環保和健康。

- 溫度 13～27℃，低溫 5℃。
- 水分 喜濕潤。
- 光照 喜蔭蔽、通風良好環境，怕強光。宜擺放在朝北的陽台或窗台上。
- 果期 10～12 月。
- 土壤 適宜生長於排水良好、富含腐殖質的酸性壤土中。
- 繁殖 用播種、扦插法。
- 施肥 生長期每半月施肥 1 次。

花友常見問題

怎樣才能使朱砂根多結果？

首先在開花期避免雨淋；其次進行人工授粉，即用毛筆從一朵花上取花粉傳到另一朵花的柱頭上，提高坐果率；最後，孕蕾後可多施磷鉀肥，用磷酸二氫鉀或花寶 3 號噴水 2 ～ 3 次，促使果實正常發育。

1 **鹼性土壤，葉黃脫落。**喜微酸或酸性肥沃土壤。若土壤鹼性大，可換盆重栽，用園土、腐葉土和沙以 5：4：1 的比例配製培養土。也可經常用硫酸亞鐵溶液澆灌；或者用腐熟的淘米水。

2 **強光直曬，葉焦黃。**朱砂根耐陰性極強，夏季怕日灼，陽光強烈時，會使葉片枯黃。

3 **濕度不夠，葉黃脫落。**當溫度高於 15℃以上時，需保持較高空氣濕度，否則易葉黃脫落。可每天為植株及周圍噴水增濕，增加空氣濕度。

4 **缺水，葉易黃。**性喜濕潤環境。夏季生長快，可每 3 ～ 5 天澆水 1 次，保持盆土濕潤。若盆土乾燥缺水，可先鬆土，為植株及周圍噴水，待枝葉新鮮，再澆透水，到有水從盆底流出。

5 **0℃以下，落葉、落果。**朱砂根不耐寒，冬季溫度應保持在 5℃以上，否則易落葉、落果。可提高室溫，放置光線明亮處養護。

6 **摘心，多花多果。**可在新梢長至 8 厘米左右時，進行摘心，以促其生長分枝，多開花多結果。

春季　保持盆土稍濕潤，每 10 天施稀薄餅肥水 1 次。

夏季　注意遮陰通風，保持盆土濕潤，生長期和花期增加施肥。

秋季　為植株及周圍噴水增濕，果實變紅後不施肥。

冬季　可放散射光照充足處養護，保持溫度在 5℃以上，每半月澆水一次即可，不施肥。

石榴

止血止瀉

“八月十五月兒圓，石榴月餅拜神仙”。石榴在中國寓意着“日子紅紅火火”“多子多福”。石榴果營養豐富，維他命 C 比蘋果、梨高出 1 到 2 倍。

開花前對石榴植株主幹環剝，割傷韌皮部，可使結果多。

- 溫度 20～30℃，耐 -15℃低溫。
- 水分 喜乾燥，怕水澇，耐乾旱。
- 光照 喜陽光充足，耐寒。宜擺放在朝東、朝南的陽台或窗台上。
- 果期 9～10月。
- 土壤 適宜生長於疏鬆、肥沃的壤土中。
- 繁殖 扦插繁殖。
- 施肥 生長期每月施肥 1 次。

花友常見問題

為什麼我的石榴結果少，果皮容易裂？

石榴不耐水濕、不耐陰，可放在光照充足下養護。若在果實成熟期淋雨或盆土過濕，容易引起裂果和落果，需注意控制澆水量，防止淋雨。

1 水大，葉黃根腐。石榴怕水澇。應及時排水，鬆土散濕，必要時換盆。平時保持盆土濕潤即可。

2 花果期澆水過勤，落花落果。開花結果期要嚴格控制澆水，切忌一見盆土表面乾燥就澆水，等其枝葉略有萎蔫時，再行澆水，澆水要澆透。

3 花期淋雨，落花落蕾。石榴喜乾燥。若夏季經常雨淋，土壤過濕容易落花落蕾。下雨天要注意遮雨，及時排出盆中積水。

4 缺少光照，花少果少。石榴是喜陽較耐高溫的植物，因此不需遮陽，生長季節應置於陽光充足處，夏季可以放在烈日下直曬，越曬花越豔，果越多。

5 肥大，不開花。石榴雖較喜肥，但盆栽石榴施肥不宜過勤、過多，特別是氮肥，否則易引起徒長不開花或開花少。可澆水稀釋土壤中的肥液，但不可積水。

6 冬季室溫高，來年花少果少。石榴較耐寒，地栽均能正常越冬。但盆栽石榴冬季要搬入室內，保持室溫 3～5℃，嚴格控制澆水，約每月澆 1 次水即可。開春後，出芽後再搬出室外。

四季養護

春季　不宜過早移入室外，保持光照充足，盆土微濕潤即可。

夏季　避免淋雨，防止盆土積水，保持光照充足，控制澆水量，花期少施肥。

秋季　保持光照充足，盆土不宜過濕。

冬季　室溫保持在 3～5℃，每月澆水 1 次，不施肥。

佛手

疏肝理氣

種植佛手宜選擇灰褐色的瓦盆，盆底最好有多個排水孔。

其果實如佛手，奇特無比，香氣清郁醉人，摸一下滿手沾香。“佛手”諧音“福、壽”，為多福長壽的象徵，是中國傳統觀果植物，具有疏肝理氣、和胃止痛、燥濕化痰的功用。

- 溫度 22～30℃，低溫 4℃。
- 水分 喜濕潤，忌積水。
- 光照 喜陽光，不耐陰，忌曝曬。宜擺放在朝東、朝南的陽台或窗台上。
- 果期 10～12 月。
- 土壤 適宜生長於富含腐殖質、肥沃的弱酸性壤土中。
- 繁殖 用扦插、嫁接法。
- 施肥 坐果後每週施肥 1 次。

1 強光曝曬，葉枯凋落。佛手怕強光，若被曬傷，應移至半陰處，為植株噴水，待植株葉子恢復後再做正常養護。平時，在夏季應適當遮陰，防止葉片灼傷。

2 澆水過勤，落葉落果。生長期需保持盆土濕潤，葉面宜多噴水，但忌澆水過勤。若出現積水，應及時排水，鬆土散濕，移至散射光處養護。

花友常見問題

佛手落葉落果怎麼辦？

佛手 1 年開花多次，宜留 6 ～ 7 月的花，坐果率高。每年春、夏、秋季抽梢 3 次，宜留秋梢作為結果枝。開花結果過程中要及時疏花、疏果，1 枝留 1 果即可。孕蕾期用磷酸二氫鉀噴灑葉面 1 ～ 2 次，可促進果實發育。

3 地栽佛手，易腐根。地栽佛手根莖處易發生根腐病。應在每年的 3 月和 8 月用多菌靈、菌毒清等殺菌劑塗根莖處防治一次。

4 高溫，葉易落。夏季保持生長溫度在 22 ～ 30℃之間。需及時為植株遮陰通風，移至散射光照處，也可為植株噴水，降溫增濕。

四季養護

春季　保證陽光充足，土壤濕潤。

夏季　注意遮陰，盆土保持濕潤，忌積水。

冬季　放向陽處養護，保持溫度在 5 ～ 8℃之間，盆土濕潤偏乾為宜。盆栽當年不施肥，第 2 年每月施肥 1 次，第 3 年蕾期停止施肥，坐果後每週施肥 1 次，冬季不施肥。

5 缺肥，果少。可在孕蕾期和開花前後追施有機肥，每週還要施一次稀薄有機肥。疏蕾時，病蕾、殘蕾要摘除，只留靠近枝條頂部長勢最好的幾個花蕾即可。

6 低於 4℃，易受凍害。冬季，佛手適宜溫度在 5 ～ 12℃，當溫度低於 4℃時，易受凍害。可提高環境溫度，放在光照充足陽台或窗台處養護。

檸檬

抗菌祛暑

土質偏鹼，可在水中加入硫酸亞鐵，配成微酸性水。

又名“黎檬”“宜母子”等。檸檬結果時會散發清爽的氣息，可使人精神放鬆。絞汁飲或生食，有生津、祛暑、和胃的功能。同時，檸檬汁也是抗菌劑、收斂劑和潤髮劑。

溫度 20～30℃，低溫 5℃。

水分 喜濕潤。

光照 喜陽光，忌曝曬，不耐陰。宜擺放在朝東、朝南的陽台或窗台上。

果期 10～12 月。

土壤 適宜生長於土層深厚、保水性好的微酸性沙壤土中。

繁殖 用扦插、枝接法。

施肥 生長期每 10 天施肥 1 次。

花友常見問題

怎樣對檸檬進行日常養護？

盆栽檸檬，選 1 ～ 3 年植株矮小的嫁接苗上盆，才較具觀賞價值；用實生苗為砧木嫁接成活的，才能培養出茂密而矮小的樹形。培養土用園土、腐葉土和沙以 5：2：3 的比例進行配製。盆栽的檸檬幼苗，每年要進行換盆，結果的植株兩年換盆 1 次。

1 高溫，易落葉。檸檬生長適溫為 20 ～ 30℃，當溫度超過 35℃時，易落葉。可置於通風涼爽處養護，夏季高溫季節，可為植株及周圍噴水降溫。

2 澆水過勤，易落葉落花。澆水過勤導致根系呼吸不暢，落葉落花。應及時鬆土散濕，放在通風乾燥處養護。

3 果期盆土乾燥，易落果。果期需補充充足水分。比起花期，可適當增加澆水次數，並為葉面噴水增濕，可防止落果。

4 缺光，葉易落。檸檬喜陽光充足環境，除在夏季強光時注意遮陰，其他季節可保持光照充足，促使光合作用，生成葉綠素。

5 缺肥，易落果。開花前和掛果後，可每月追肥 1 次，並噴一次營養液，可防止落果。同時，可用疏果的形式保果。

6 長時間 0℃，易生凍害。檸檬雖然較耐寒，但冬季霜降前後，仍應將盆栽搬入室內越冬，室溫應保持在 5℃以上，放在陽光充足的地方養護。

春季　保持盆土濕潤，陽光充足。

夏季　避免在強光下曝曬，盆土保持濕潤、通風流暢，開花前保持肥料充足。

秋季　掛果後增加肥料，保持光照充足。

冬季　以濕潤偏乾為宜，既不能過濕又不能過乾，補充光照，溫度保持在 5℃以上，停止施肥。

金橘

吸收重金屬

又名“金彈”“金柑”等。金橘氣味清香，可殺菌，還能吸收汞蒸氣、鉛蒸氣、乙烯和過氧化氮。它還具有理氣、解鬱、化痰、醒酒的功用。

環境蔭蔽，往往會造成枝葉徒長，開花結果較少。

溫度 22～28℃，低溫 7℃。

水分 喜濕潤，耐乾旱。

光照 喜陽光，不耐寒，稍耐陰。宜擺放在朝東、朝南的陽台或窗台上。

果期 11 月至翌年 2 月。

土壤 適宜生長於肥沃、疏鬆的微酸性沙壤土中。

繁殖 嫁接繁殖。

施肥 生長期每半月施肥 1 次。

1 澆水過勤，易死。盆土過濕或積水，易爛根而死。應及時排除積水，控制澆水次數，並放通風處鬆土散濕。嚴重時很難恢復，因此要注意日常管理。

2 花芽期水大，花少果少。在花芽分化期要適當控制澆水量，待上部葉片輕度萎蔫時再澆水。這樣有利於控制植株徒長，促使花芽分化。

花友常見問題

怎樣使金橘年年結果？

春季修剪整形，初夏扣水① 促使花芽分化。花期人工輔助授粉，提高坐果率，科學、合理施肥，防止盆土時乾時濕、溫度劇變和強光曝曬等。

3 高溫，易落花落果。高溫季節，尤其在開花和掛果時，應置放在通風涼爽處養護，還可噴水降溫，以免落花。

4 新梢期缺肥，落花落果。抽發新梢時肥水供應不足，易導致落花落果。可每半月施稀釋腐熟肥 1 次，並摘除新梢，摘心後及時補充肥料。

四季養護

春季　保持光照充足，盆土濕潤，每半月施肥 1 次。

夏季　置於通風涼爽處，保持光照充足，避免曝曬，盆土以不乾為宜，夏末保持營養充足。

秋季　減少澆水，果實長大後半月施肥 1 次。

冬季　盆土偏乾為宜，果實成熟後停止施肥，保持溫度在 7℃以上，盆栽 0℃時易受凍。

5 夏季乾燥，落花落果。夏季開花前後，除了保持土壤濕潤外，應保持空氣濕潤，可為植株及周圍噴水增濕，以免因氣候乾燥造成落花，不掛果。

6 時乾時濕，提前落果。觀果期盆土不可時乾時濕，應控制澆水。

① 生長期不澆水或少澆水，保持盆土不乾為度，以促進養分積累，有助開花。

觀賞辣椒

抗菌促循環

生長期應放在室外陽光充足處，即使盛夏也不需遮光。

又名“辣茄”“海椒”等。外形玲瓏可愛，果實色彩豐富。觀賞辣椒富含維他命C和胡蘿蔔素，對促進人體血液循環、增強呼吸道抵抗病菌的能力有一定效果。

- 溫度 21～25℃，超過30℃生長緩慢。
- 水分 喜濕潤。
- 光照 喜溫暖、陽光充足，不耐寒。宜擺放在朝東、朝南的陽台或窗台上。
- 果期 秋冬季。
- 土壤 適宜生長於肥沃、疏鬆和富含腐殖質的沙壤土中。
- 繁殖 播種繁殖。
- 施肥 生長期每週施肥1次。

花友常見問題

如何選購觀賞辣椒？

要挑選植株矮壯、分枝多、株態勻稱、葉片深綠無破損、果實多而色艷者為佳。不要買果實過多、部分已發黑乾癟的。在蔬菜公司購買的種子，要求新鮮、飽滿，無蟲害以及有種植說明的為好。

1 盆土乾燥，易落果。若植株缺水，可先為植株噴水增濕，稍微緩至葉子鮮艷時，鬆土澆透水，即有水從盆底流出。生長期可每 3 天澆水 1 次。

2 澆水過勤，葉枯黃。土壤若長期濕溺，容易爛根，葉枯黃。平時可每 3 天澆水 1 次，也可根據盆土實際情況，保持盆土濕潤即可。

3 曝曬，果實灼傷凋落。強光下易曬傷。可剪掉灼傷嚴重的果實，為植株適當噴水增濕，稍微遮陰，可放散射光照充足處養護。

4 缺少光照，果少果小。喜陽光，若長期缺水缺光照，容易導致植株徒長，延遲果期，並且結果既少又小。全天補充陽光，有利於開花結果。

5 放水果旁，易落花落果。成熟水果釋放乙烯會引起花果凋落。應及時拿去水果或將盆株放在遠離水果的地方。

6 花期多雨，影響坐果。花期可保持植株周圍空氣濕度較小，淋雨容易導致花朵授粉不良，影響坐果。另外，澆水或噴水時避免沾到花朵。

春季　保持光照充足，盆土濕潤，4 月起可每月施肥 1 次。

夏季　保持光照充足但忌曝曬，盆土濕潤忌積水，每月施肥 1 次，炎熱乾燥時為葉片及周圍噴水降溫增濕。

秋天　天氣逐漸轉涼，可逐漸增加光照，保持盆土濕潤。

冬季　保持光照充足，減少肥水，溫度在 10℃以上為宜。

火棘

止血散瘀

開花前增施 1 ～ 2 次磷肥，可使花繁且艷，果實累累。

又名“紅果”“吉祥果”等，含有豐富的蛋白質、氨基酸、維他命和多種礦物質元素。其根入藥可止血散瘀，其葉烹茶可清熱解毒。

- 溫度 15 ～ 25℃。
- 水分 喜濕潤，耐乾旱。
- 光照 喜陽光，稍耐寒，稍耐陰。宜擺放在朝東、朝南的陽台或窗台上。
- 果期 8 ～ 11 月。
- 土壤 適宜生長於深厚而排水良好的微酸性或中性壤土中。
- 繁殖 用播種、扦插、壓條法。
- 施肥 生長期每半月施肥 1 次。

1 缺水，葉黃脫落。火棘耐乾旱，但做盆景栽培時，盆土少，且易乾，植株容易缺水。若缺水，應先為植株噴水增濕，然後鬆土澆透水。盆土以濕潤為宜。

2 潮濕不通風，易死。在通風不良和潮濕的情況下，葉片易生白粉。可及時剪除病葉燒毀，並加強通風，降低空氣濕度。

3 花朵沾水，影響掛果。澆水時，避免向花朵淋水。澆水後，可及時輕輕搖晃至水珠掉落或用手紙吸乾。

花友常見問題

如何使火棘株型漂亮，果實鮮紅漂亮？

火棘自然生長的枝條比較雜亂，在生長期對萌蘗枝、細弱枝、交叉枝、徒長枝要予以疏除，使樹形圓整，疏密適當。對旺盛生長枝要進行摘心或短截，以促進果枝充實、營養分佈均勻，可使滿樹珊瑚，紅豔奪目。

4 缺肥，花果不盛。在生長期及花果期，可每半個月施 1 次腐熟的餅肥水或有機液肥，補充磷鉀肥，有利於開花結果。

四季養護

春季 保持光照充足，盆土濕潤。

夏季 保證盆土濕潤，忌積水，通風良好，每半月施肥 1 次。

秋末 溫度驟降前移盆栽入室。

冬季 保持溫度在 5℃以上，盆土偏乾為宜，不施肥。

5 低於 5℃，易落葉。火棘冬季休眠，雖然其極耐低溫，但為保證不落葉，室內最低溫度應保持在 5℃左右，還應經常補充光照。

6 花果密集，果小色差。生長旺盛的火棘，一般掛果較多，所以果小色差。要適當進行疏花疏果，可使其長得又紅又大。

第六章

芳香植物

薰衣草

減輕焦慮症狀

為長日照植物，缺乏光照易造成徒長。

又名“靈香草”“香草”等。花朵通常在花枝的頂端呈穗狀簇生，香味可使人放鬆神經，減輕焦慮、頭痛、噁心和頭暈等症狀。另外，薰衣草還能吸收二氧化碳，釋放氧氣，淨化空氣。

- 溫度 15～25℃，低溫5℃。
- 水分 喜濕潤，耐乾旱，忌水濕。
- 光照 喜陽光充足，耐寒，不耐陰。宜擺放在朝東、朝南的陽台或窗台上。
- 花期 6～8月。
- 土壤 適宜生長於疏鬆、肥沃和排水良好的沙質壤土中。
- 繁殖 用播種、扦插、分株法。
- 施肥 生長期每月施肥1次。

1 澆水過勤，易死。積水時，需及時排水、鬆土，放乾燥通風處蒸發水分。澆水應以葉片有輕微萎蔫現象時再澆為原則。

2 高溫，葉易黃。夏季高溫季節，容易出現葉片枯黃現象，應剪掉枯黃枝葉，移至涼爽、通風環境養護，乾燥時可適當為植株及周圍噴水增濕。

花友常見問題

為什麼薰衣草修剪後長不好了？

修剪要根據長勢和季節進行，如植株過旺可以剪去 1/2，長勢一般可剪去 1/3，切忌剪到木質化部分，否則易導致難以萌發新枝，甚至衰弱死亡。另外，不可在高溫天氣修剪，儘量在春末或秋初進行為宜。

3 盆土黏重，葉易黃。可換用園土和礱糠灰按 3:1 的比例配製，再加入少量基肥即可。上盆前要墊 2 ～ 3 厘米厚的粗沙作為排水層。

4 冬季通風差，葉生霉斑。發病初期可用 75% 百菌清可濕性粉劑 800 倍液或 50% 甲霜靈錳鋅可濕性粉劑 500 倍液噴灑防治，並移至空氣流通較好處養護。

四季養護

春季　每半月澆水 1 次，保持盆土微乾、陽光充足。

夏季　注意避開強光曝曬，忌過濕、積水。

花期、秋季　每週澆水 1 次，盆土微濕即可。

冬季　保持陽光充足，通風良好，盆土濕潤偏乾，停止施肥。

5 肥大，花香淡。春、秋兩季是薰衣草的旺盛生長階段，每隔 15 天左右施腐熟有機肥 1 次。可適當澆水以稀釋土壤中的肥料，但謹防盆土過濕。

6 缺光，花量少。薰衣草喜陽光充足，若光照時間為半日或更少，易導致其花量少。可全日放光照處養護，可使花多艷麗，但夏季要避免曝曬，並為植株噴水增濕。

迷迭香

安神靜心

修剪不要超過枝條長度的一半，以免導致無法再發芽。

又名“艾菊”“海洋之露”等，是歐洲古老的芳香植物。其葉散發微微茶香，瀰散在空中，將人帶進輕鬆舒適的世界。它有緩解疲勞、安神靜心的作用，可做成香枕、香袋等。

- **溫度** 15～30℃，不低於 -5℃。
- **水分** 喜乾燥，忌水濕。
- **光照** 喜陽光充足，較耐寒，耐高溫和半陰。宜擺放在朝東、朝南的陽台或窗台上。
- **花期** 5～8月。
- **土壤** 適宜生長於濕潤、肥沃的鹼性壤土中。
- **繁殖** 用播種、扦插法。
- **施肥** 生長期每月施肥 1 次。

1 澆水過勤，易死。生長季節，保持盆土稍濕潤。若盆土過濕，容易導致莖葉發黃，根系腐爛甚至全株枯萎。需及時排水，鬆土散濕，放涼爽通風處養護。

2 高溫悶熱，葉枯黃。濕熱天氣，植物易生霉菌，需加強通風，發病初期用 50% 多菌靈可濕性粉劑 800 倍液噴灑防治。

花友常見問題

如何扦插迷迭香？

可在春秋季節，剪取半成熟枝，長 10～12 厘米。扦插前將插條浸在水中 2～3 小時，充分吸水後插於沙床。在室溫 16～20℃下，3～4 週便可生根，生根2週後栽種沙床。3～4 週便可生根，然後上盆栽種。

3 枝葉過密，葉黃脫落。盆栽上部枝葉過密時，下部葉片缺乏陽光，加之通風不暢，易引起下部葉片黃化枯萎，應注意疏剪過密的枝葉，保證通風良好。

4 缺光，植株弱小。喜陽光充足，如果長期生長在背陰處，枝條易徒長，顯得柔弱細長，枝葉香味清淡，開花也少。應擺放在陽光充足處，但避開強光曝曬。

5 冬季盆土過濕，易死。盆土過濕，容易造成根系窒息腐爛。若不慎澆水過多，可放陽光充足、通風良好的乾燥處恢復。冬季養護應保持盆土偏乾。

6 摘心，控制株高。根系發達，植株生長快，盆栽後可進行多次摘心，不僅能控制株高，而且能促進分枝萌發，使株形豐滿。

四季養護

春季　保持光照充足，盆土以濕潤偏乾為宜。

夏季　避免雨淋，盆土乾了再澆水，避免過濕和積水；生長期每月施淡肥 1 次。

秋季　保持光照充足，盆土微濕。

冬季　保持盆土偏乾，忌過濕，0℃時，停止生長，不得低於 -5℃，停止施肥。

薄荷

抑菌消炎

常常對薄荷進行摘心，會使其長得更加茂盛。

又名“魚香草”“仁丹草”等。薄荷在歐洲是“愛的激情”和“好客”的象徵。薄荷全草具有發汗解熱、止痛鎮靜、抑菌消炎等作用。用薄荷煮粥，有清咽利喉的功效，還可緩解蚊蟲叮咬。

- 溫度　25～30℃，0℃受凍。
- 水分　喜濕潤。
- 光照　喜陽光充足，較耐寒、耐高溫和半陰。宜擺放在朝東、朝南的陽台或窗台上。
- 花期　7～9月。
- 土壤　適宜生長於沙質壤土和腐殖壤土中。
- 繁殖　用播種、扦插法。
- 施肥　生長期每半月施肥1次。

花友常見問題

如何扦插薄荷？

扦插在 5 ～ 7 月進行。剪取生長良好的 10 厘米左右的枝條，去掉下部葉片，在清水中浸泡 1 ～ 2 個小時，然後插入沙床或蛭石中，保持基質濕潤，置於半陰處養護。在 25 ～ 28℃條件下，兩週左右便可生根，生根後上盆。

1 缺水，葉黃脫落。盆土過度缺水使根系吸水不足，易導致下部葉片黃化萎蔫。可向葉片表面噴霧，澆透水，待植物慢慢恢復。尤其生長期，保持盆土濕潤，應多向葉面噴霧。

2 強光曝曬，葉萎蔫。怕強光直曬。應經常向植株噴霧，然後將葉片萎蔫的植株移至散射光下養護，若不嚴重，很快便可恢復。

3 高熱多濕，葉枯脫落。病害多數是因高溫、多濕、通風差等情況引起的。首先將植株移至通風良好、濕度適宜的涼爽環境中。發生病害可用 65% 代森鋅可濕性粉劑 600 倍液噴灑。

4 冬季盆土過濕，易死。冬季盆栽植株在室內仍可生長，土壤保持稍濕潤，不可過多澆水。應放乾燥、通風好的環境中養護。

四季養護

春季　保持土壤濕潤，光照充足，生長期每半月施肥 1 次。

夏季　空氣乾燥時噴霧增濕，注意通風遮陰，每週施肥 1 次。

秋季　保持陽光充足，盆土濕潤。

冬季　低於 0℃，莖葉受凍，地下根莖可耐 -15℃低溫，盆土微濕，不施肥。

5 盆小，長勢差。薄荷長勢較旺，若盆小，根系不能擴展生長，就會導致植株莖葉無生氣，需換大一號的盆栽植。

6 多年不換盆，生長不良。多年的老株發根差，長勢不旺，需要及時換盆更新，脫盆後清除爛根、老根，選用節間短、色白、粗壯的根莖重新上盆。

百里香

提神醒腦

對土質要求不高，可使用草炭土混合珍珠岩。

又名“麝香草”“千里香”等。百里香會散發特有的香味，有提神醒腦、殺菌抗炎的功效，對空氣有一定淨化作用。將百里香莖葉搗爛外敷，可治療抑鬱症、感冒和肌肉疼痛。

- 溫度　20～25℃，耐 -10℃低溫。
- 水分　喜乾燥，怕水澇。
- 光照　喜涼爽、陽光充足，較耐寒。宜擺放在朝東、朝南的陽台或窗台上。
- 花期　5～7月。
- 土壤　適宜生長於疏鬆、排水良好的沙質壤土中。
- 繁殖　用扦插、分株、播種法。
- 施肥　生長期施少量緩效性肥料。

1 澆水過勤，易死。喜乾燥，怕積水。盆土過濕或積水，易落葉，甚至根系窒息死亡。應及時排除盆中積水，放乾燥通風處，暫時停止澆水。

2 空氣潮濕，葉黃而死。喜乾爽。需置通風、涼爽環境中養護。若發現病害，可用 50% 腐霉劑可濕性粉劑 1500 倍液噴灑或 50% 百菌清粉塵劑噴粉防治。

花友常見問題

怎麼播種百里香？

播種可在春季進行。因種子細小，可先將培養土潤濕，再將種子均勻地撒在上面。小苗長至 4 ～ 6 片真葉時，移栽 1 次，稍大後再移至小盆中定植。

3 缺光，葉黃凋落。雖耐陰，但喜光照充足，長時間光照不足，阻礙植株正常光合作用，易導致莖葉徒長、葉片容易黃化掉落。可移至光照充足環境下養護，避免強光直曬。

4 冬季盆土過濕，易死。較耐寒，但盆栽因根部土淺，根系易受凍。冬季落葉後應將盆株放置在溫暖的南陽台上越冬，盆土要求偏乾。

四季養護

春季　保持陽光充足，盆土不乾不澆，少量施肥。

夏季　保持光照充足，通風良好，盆土以偏乾為宜，忌積水，不施肥。

秋季　保持陽光充足，盆土乾燥再澆水，少量施肥。

冬季　保持溫度在 0℃以上，盆土偏乾，不施肥。

5 肥大，葉易黃。百里香耐貧瘠，一般不施肥。春秋莖葉生長期可施少量緩效性肥料。若施肥過多，植株徒長，柔軟無力，香氣變淡，應澆水稀釋土壤，但忌積水。嚴重時需換土。

九里香

活血化瘀

室外露養要做好避雨措施，積水會造成爛根。

又名“月橘”“千里香”等。具有很高的藥用價值，有活血止痛、消腫解毒的功效，若遇蚊蟲叮咬或手腳扭傷，可將九里香葉子搗碎敷於傷處，可緩解疼痛、消腫化瘀。

- 溫度 20～32℃，低溫 5℃。
- 水分 喜濕潤，不耐寒。
- 光照 喜陽光充足，不耐寒，耐半陰。宜擺放在朝東、朝南的陽台或窗台上。
- 花期 4～8月。
- 土壤 適宜生長於疏鬆、排水良好的微酸性壤土中。
- 繁殖 用扦插、播種、壓條法。
- 施肥 生長期每月施肥 1 次。

1 積水，葉捲根爛。較耐旱，若澆水頻繁造成盆土積水，葉片會發生捲曲，甚至根系腐爛。必須及時排除積水，放於通風乾爽環境下，必要時換盆土。

2 空氣乾燥，葉易黃。尤其春末至秋初，溫度偏高，空氣乾燥，易出現枝葉焦枯現象，要向植株噴霧增濕，同時保持盆土濕潤。

3 初春出戶早，葉易落。初春氣溫不穩，如出現較強冷空氣，植株易受凍而落葉。當溫度升高至 12℃以上較為穩定時，再移盆出戶。

花友常見問題

怎樣栽培九里香？

盆土可用肥沃園土、腐葉土和粗沙的混合土。盆栽前盆底施入含磷、鉀肥的遲效性有機肥作基肥。栽後澆透水，置半陰處 2 ～ 3 週，等長出新根後再移至向陽處正常管理。

4 冬季不通風，葉易落。冬季在室內養護，一定要注意通風透氣，否則容易造成大量落葉。必須保證室溫在 5℃及以上，並在通風良好的環境下養護。

四季養護

春季　保持陽光充足，盆土濕潤，早春注意預防低溫，每月施肥 1 次，減少氮肥施用，以免徒長不開花。

夏季　乾燥時適當為植株噴水增濕，盆土保持濕潤，避免積水。

秋季　養護同夏季。

冬季　保持溫度在 5℃以上，以免低溫造成落葉，減少澆水，停止施肥。

5 缺光，不開花。喜陽光充足。如果長時間在半陰處生長，枝葉細軟，不易開花，即便開花香味也淡。除強光天氣需適當遮陰外，其他時間都應保持陽光充足。

6 缺肥，花香味差。除生長期每月施 1 次腐熟有機液肥外，在花芽分化期可每月向葉片噴 0.2% 的磷酸二氫鉀溶液 1 次，可使花香濃郁。

碰碰香

消炎消腫

陽光充足，肉質葉片才會厚實，否則葉子會扁而薄。

又名“絨毛香茶菜”等。葉片小巧可愛，枝葉清香，可吸收二氧化碳，釋放氧氣。煮成茶飲可緩解腸胃脹氣及感冒，搗爛後外敷可消炎消腫，並可保養皮膚。

- **溫度** 10～25℃，低溫 10℃。
- **水分** 喜濕潤，怕積水。
- **光照** 喜陽光充足，不耐寒，耐半陰。宜擺放在朝南、朝西南的陽台或窗台上。
- **花期** 7～8 月。
- **土壤** 適宜生長於疏鬆和排水良好的壤土中。
- **繁殖** 用播種、扦插法。
- **施肥** 生長期每月施肥 1 次。

花友常見問題

怎樣繁殖碰碰香？

常用播種法和扦插法繁殖。播種，種子成熟後即採即播，播後蓋一層薄土，稍壓實，澆水。19～24℃下，播後7～10天發芽。扦插，全年均可進行，以春末最好，剪取頂端嫩枝，長10厘米左右，插入泥炭土中，插後4～5天生根，1週後可移栽上盆。也可用水插繁殖。

1 缺水，葉黃凋落。盆土乾燥缺水，導致植株水分不足而引起葉黃凋落。可將花盆浸入水盆中，使水分從盆底慢慢滲入盆土中，直至盆土表面濕潤後取出花盆。

2 盆土板結，葉易黃。喜疏鬆土壤。若長期種植或換盆不及時，從而盆土板結使根系不能正常生長，容易發生葉片枯黃。應及時鬆土，或換排水良好的疏鬆土壤。

3 長期積水，易死。雖喜水，但盆土長期積水，容易爛根而死，需及時排水，鬆土散濕，放置於乾爽、通風處養護恢復。

4 強光曝曬，葉焦枯。夏季強光季節，需適當遮光。若出現灼傷，應及時給葉面噴霧，並置於半陰環境下養護，待恢復後再正常養護。

春季　保持光照充足，盆土濕潤，每月施肥1次。

夏季　避開強光，保持良好通風，澆水要等盆土乾了再澆，不可積水。

秋季　養護同夏季。

冬季　保持溫度在10℃以上，陽光充足，盆土濕潤偏乾，停止施肥。

5 冬季盆土過濕，徒長。宜放在通風、乾爽處養護，要控制澆水量。冬季澆水不宜過多，否則容易出現莖葉徒長。

6 缺少光照，葉片薄弱。喜陽光充足。長期光照不足，易造成葉片薄弱、發黃，需及時補充充分的光照，促使葉片肥厚鮮綠。

羅勒

健胃化濕

羅勒是一種深根植物，要選擇較深的花盆種植。

羅勒微微的香氣可使人精神放鬆，並對空氣有一定淨化作用。在民間，有人將鮮嫩羅勒用開水燙後加上其他佐料涼拌食用。它有健胃化濕、祛風活血的功用。

溫度 20～30℃，低溫 10℃。
水分 喜乾燥，怕水濕。
光照 喜陽光充足，不耐陰。宜擺放在朝南、朝西南的陽台或窗台上。
花期 8～9月。
土壤 適宜生長於疏鬆、肥沃和排水良好的壤土中。
繁殖 用播種、扦插法。
施肥 生長期每半月施肥 1 次。

1 入戶水大，易死。新入戶植株，需放至半陰或陽光散射處緩苗，切忌澆水過多，從而導致尚未適應環境的根系腐爛，葉片萎蔫凋落。

2 苗期強光，易死。苗期植株柔弱，不能放在強光下培育，需擺放在散射光下。若出現強光曝曬，應及時移至半陰環境，為葉片噴霧增濕。

3 缺水，萎蔫枯黃。水分供應不足，易致葉片萎蔫枯黃。應先為植株噴水，置於半陰處緩解，待枝葉恢復生長，再鬆土，澆透水。

花友常見問題

怎樣播種羅勒？

通常在清明前後播種。將種子均勻播撒在濕潤土面，播後覆一層細土，噴霧保持基質濕潤，一般 10 天左右出苗，當苗株長出兩對真葉，選陰天帶土移植。也可在夏季，選粗壯的莖葉 2～3 節，插於消毒的河沙或泥炭土中，放置遮陰通風處，保持基質濕潤，4～10 天後生根成活。

4 土壤黏重，葉易黃。喜疏鬆土壤，土壤黏重不利於根系生長，可選用肥沃、疏鬆、排水良好的沙質壤土，重新上盆栽種。

春季　保持陽光充足，盆土稍微濕潤，每月施肥 1 次。

夏季　忌放強光下，避免盆土積水，防雨淋，可在植株及周圍噴霧增濕。

秋季　隨氣溫降低增加光照，減少肥水。

冬季　保持溫度在 10℃以上，盆土濕潤偏乾，停止施肥。

5 缺光，葉易黃。喜陽光充足，不耐陰。長期光照不足，會使葉片枯黃，應立即補充光照，使其恢復，但不能陽光直曬。

6 缺肥，葉枯黃。生長期的羅勒，需肥水充足。若缺肥易導致葉片枯黃，需及時施用稀薄有機肥。生長期最好每月施肥 1 次。

香葉天竺葵

驅蚊抗菌

又名“驅蚊香草”“驅蚊草”等，具有淨化室內煙味和驅蚊作用。有不同香味的品種，如玫瑰花香、檸檬香味、蘋果香味等，其香味能抗真菌、抗抑鬱，還常用作提煉精油。

為使株形美觀，可在春季進行疏枝修剪。

- 溫度 10～20℃，低溫 10℃。
- 水分 喜濕潤，忌積水。
- 光照 喜陽光，稍耐陰，忌高溫。宜擺放在朝南、朝西南的陽台或窗台上。
- 光照 6～8月。
- 土壤 適宜生長於疏鬆、肥沃的沙質壤土中。
- 繁殖 播種繁殖。
- 施肥 生長期每半月施肥 1 次。

花友常見問題

香葉天竺葵適合擺放在哪裏？

10 月至翌年 4 月，可擺放在室內陽光充足的窗台或封閉陽台上；5～9 月可擺放在室外陽光充足的台階、花架或露台上面，夏季高溫時暫放半陰處養護。

1 澆水過勤，易死。喜濕潤，如果澆水過勤易使盆土過濕或積水，根系腐爛而死。應立即減少澆水，排出盆中積水，置乾爽通風處養護。積水嚴重需換土，重新上盆。

2 高濕高熱，葉萎黃脫落。夏季高溫悶濕環境下，應保證通風良好，否則植株容易感染病菌而患病。發病初期可用 75% 百菌清可濕性粉劑 800 倍液噴灑防治。

3 長期過陰，徒長枯黃。喜陽光。長期擺放庇蔭環境，易導致葉片鬆軟，葉色淡白，葉柄伸長，嚴重時葉片黃化，枯萎掉落。應移至光照充足環境中養護。

4 夏季澆水多，葉易黃。夏季植株進入半休眠狀態，應保持土壤稍濕潤；秋冬季減少澆水。

5 缺肥，葉易黃。生長季應保持營養充足，可每月用腐熟餅肥水或天竺葵專用肥液施用 1 次。當秋末氣溫下降，則停止施肥。

6 低溫，葉萎黃。喜溫暖，不耐寒。秋末應及時搬至室內養護，冬季低溫時可放置光照充足、氣溫 10℃以上的環境下養護，必要時套上塑料袋保溫。早春氣溫不穩定，不應急於出戶。

春季　保持陽光充足，盆土濕潤，每半月施肥 1 次。

夏季　放置半陰、通風處養護，減少澆水，半月施肥 1 次。

秋季　逐漸增加光照，每週澆水 1~2 次。

冬季　保持陽光充足，溫度在 10℃以上，每週澆水 1 次，停止施肥。

不死養花術：102種室內花草的栽種秘技

作者
王意成

編輯
龍鴻波

美術設計
Zoe Wong

封面設計
李素嫻

出版者
萬里機構・萬里書店
香港鰂魚涌英皇道1065號東達中心1305室
電話：2564 7511
傳真：2565 5539
網址：http://www.wanlibk.com
http://www.facebook.com/wanlibk

發行者
香港聯合書刊物流有限公司
香港新界大埔汀麗路36號
中華商務印刷大廈3字樓
電話：2150 2100
傳真：2407 3062
電郵：info@suplogistics.com.hk

承印者
百樂門印刷有限公司

出版日期
二零一七年三月第一次印刷

Published in Hong Kong by Wan Li Book Co.,
a division of Wan Li Book Company Limited.
ISBN 978-962-14-6277-0

萬里機構

萬里 Facebook

鳳凰漢竹圖書（北京）有限公司 授權，
香港萬里機構獨家出版本書繁體字版。